AF300029

# F. RINNE

# LE MICROSCOPE POLARISANT

## GUIDE PRATIQUE POUR LES ÉTUDES ÉLÉMENTAIRES DE CRISTALLOGRAPHIE ET D'OPTIQUE

TRADUIT ET ADAPTÉ AUX NOTATIONS FRANÇAISES

PAR

## L. PERVINQUIÈRE

Docteur ès sciences
Chef des Travaux pratiques de Géologie à la Sorbonne

AVEC UNE

### Préface de A. DE LAPPARENT

Membre de l'Institut

PARIS

F. R. DE RUDEVAL, Éditeur

4, RUE ANTOINE DUBOIS, 4

1904

# LE
# MICROSCOPE
## POLARISANT

# F. RINNE

# LE
# MICROSCOPE
# POLARISANT

## GUIDE PRATIQUE POUR LES ÉTUDES ÉLÉMENTAIRES
## DE CRISTALLOGRAPHIE ET D'OPTIQUE

TRADUIT ET ADAPTÉ AUX NOTATIONS FRANÇAISES

PAR

## L. PERVINQUIÈRE

Docteur ès sciences
Chef des Travaux pratiques de Géologie à la Sorbonne

AVEC UNE

### Préface de A. DE LAPPARENT
Membre de l'Institut

PARIS

F. R. DE RUDEVAL, ÉDITEUR
4, RUE ANTOINE DUBOIS, 4

1904

# PRÉFACE

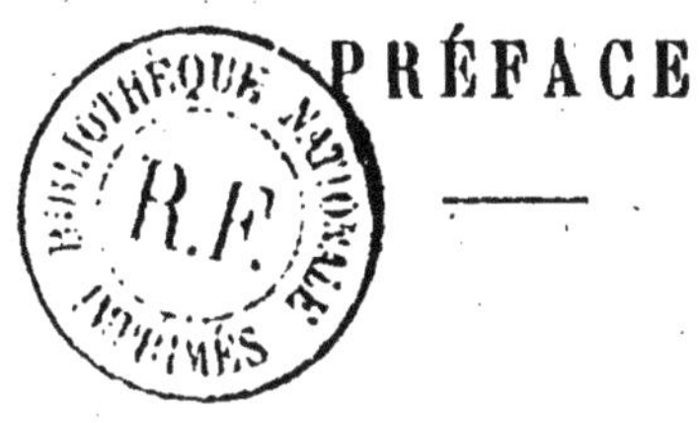



Mon cher ami,

Vous avez bien voulu soumettre à mon examen la traduction que vous avez faite du *Guide pratique* de M. le Professeur Rinne. J'aime à vous féliciter tout d'abord de la façon dont votre tâche de traducteur a été remplie. Ce n'était pas chose facile, comme vous l'avez dit vous-même, de concilier le respect complet du texte original avec l'observation de la forme qu'affectionnent légitimement les lecteurs français. Ce résultat, vous l'avez obtenu, en même temps que, par l'introduction des notations en usage dans notre pays, vous faisiez disparaître ce qui aurait pu dérouter nos étudiants.

C'est évidemment, une très heureuse pensée que celle qui a porté M. Rinne à résumer, en un petit nombre de pages, tant de notions très délicates par elles-mêmes, et dont pourtant l'usage s'impose de plus en plus. Il vous a été donné de constater, par la pratique du laboratoire, combien, avec le temps, le maniement du microscope polarisant peut devenir familier même à ceux qui n'ont pas étudié à fond la physique ; et vous avez pu voir que les plus habiles à la définition optique des minéraux ne sont pas toujours ceux qui sauraient le mieux justifier par la théorie les méthodes dont ils se servent avec succès.

Toutefois, si l'on peut à la rigueur n'en pas connaître la démonstration mathématique, il serait dangereux de n'employer ces procédés qu'à titre de recettes empiriques ; et c'est pourquoi M. Rinne a rendu un vrai service, en essayant, par des comparaisons souvent très ingénieuses, appuyées de dessins bien appropriés, de faire entrevoir au moins la signification et la portée de tous les termes usités dans les études optiques.

Ce livre, que l'auteur destinait surtout aux chimistes, sera particulièrement bien venu, en France, de ceux qui s'adonnent aux études géologiques ; car ces dernières exigent, en vertu des traditions universitaires, des connaissances préalables en zoologie et en botanique, qu'il sera la plupart du temps bien difficile de concilier avec une connaissance suffisamment approfondie de la physique. La tâche des maîtres de conférences de pétrographie se trouvera bien simplifiée si, moyennant quelques explications complémentaires, ils peuvent rendre courant parmi leurs élèves l'emploi de ce *compendium* de l'optique des minéraux.

Puisse votre traduction répandre de plus en plus, en France, l'usage de l'élégant appareil qu'est le microscope polarisant, et ajouter, à la jouissance que déjà on éprouve à le manier, celle d'en mieux saisir tout le mécanisme !

A. DE LAPPARENT.

# AVERTISSEMENT DU TRADUCTEUR

Ce *Guide pratique* vient combler une véritable lacune. Quelque surprenant que cela puisse paraître, il n'existe pas de manuel français expliquant clairement et simplement l'emploi du microscope polarisant. Ce n'est pas que les renseignements sur ce dernier fassent défaut ; on en trouve dans une foule de traités. Mais, en général, les auteurs, physiciens ou minéralogistes, se sont avant tout préoccupés des considérations théoriques et ont négligé les données pratiques. Celles-ci ne sont guère exposées d'une façon détaillée que dans l'ouvrage de Fouqué et Michel Lévy (*Minéralogie micrographique*), que son grand prix met hors de portée des étudiants et qui est du reste épuisé. Comme les traités généraux, celui-ci est utile à ceux qui veulent entreprendre des recherches pétrographiques et qui doivent posséder à fond la cristallographie et l'optique cristalline.

Ce n'est point à eux que s'adresse ce *Guide pratique*. L'auteur, le professeur Rinne, le destinait particulièrement aux chimistes, comme l'indique le titre : *Das Mikroskop im chemischen Laboratorium (Elementare Anleitung zu einfachen krystallographisch-optischen*

1

*Untersuchungen*) ; mais il m'a paru avoir une portée plus générale et être susceptible de rendre de nombreux services aux débutants et à tous ceux, physiciens, chimistes, géologues, ingénieurs, que les corps cristallisés intéressent à des titres divers. Je crois enfin qu'il sera fort utile aux élèves préparant la licence ou l'agrégation des sciences physiques ou naturelles et c'est spécialement à leur intention que j'ai entrepris cette traduction. Dans ce volume, ils trouveront très simplement exposées les principales méthodes pour l'emploi du microscope polarisant et ils pourront ainsi se rendre compte de la diversité des études que cet instrument permet d'aborder (1).

Pour ne pas dérouter les débutants par des notations différentes de celles qui leur sont familières, j'ai cru devoir, d'accord avec l'auteur, ajouter les notations cristallographiques de Miller et de Lévy, qui ont généralement cours en France, à celles de Weiss et de Naumann, seules employées dans l'édition allemande. Quelques nouvelles figures ont été introduites dans l'édition française. L'auteur y a fait en outre diverses additions et améliorations. Je suis heureux de lui adresser tous mes remerciements, non seulement pour avoir autorisé la traduction de son ouvrage, mais aussi pour en avoir facilité l'exécution par une aide tout amicale.

Au point de vue de la forme, cette traduction

---

(1) Un deuxième volume comprendra la description des minéraux et des roches, tant au point de vue de leur aspect extérieur et de leur constitution microscopique que du rôle joué par ces dernières dans la composition de l'écorce terrestre.

n'échappe pas au défaut inhérent à toute entreprise semblable. Par suite du génie très différent des langues allemande et française, on est presque forcément enfermé dans le dilemme suivant : ou bien traduire le texte aussi exactement que possible, ce qui ne peut se faire qu'au détriment de la forme, ou bien se borner à suivre l'original de plus ou moins loin, si l'on tient à la pureté du style. Malgré ses inconvénients, c'est le premier système que j'ai adopté, mais non d'une manière exclusive. Je prie donc le lecteur d'excuser certaines phrases lourdes et peu élégantes, en se rappelant que mon premier soin a été de rendre fidèlement la pensée de l'auteur.

Je me considérerai comme satisfait si la traduction de cet excellent manuel peut contribuer à répandre l'usage du microscope polarisant en dehors des quelques spécialistes qui en ont fait l'instrument principal de leurs études.

# INTRODUCTION

Ce petit ouvrage a pour but de faire connaître à ceux qui étudient la chimie les notions élémentaires d'optique cristalline (en tant qu'elles sont facilement utilisables pour les recherches cristallographiques), — de servir d'aide-mémoire pour les exercices cristallographiques complétant le cours, — et enfin d'offrir au chimiste praticien un guide pour les études cristallographiques simples sur les produits de la nature ou du laboratoire.

Puisse cet ouvrage contribuer pour sa part à acclimater de plus en plus le microscope polarisant dans les laboratoires de chimie des hautes écoles, des divers établissements d'enseignement supérieur, ainsi que des exploitations techniques. Ce fait que la forme et les propriétés physiques, surtout optiques, peuvent être mises à profit avec succès pour caractériser les nouvelles substances produites dans les laboratoires de chimie, de même que pour reconnaître les précipités obtenus dans les analyses, est bien connu de tous les chimistes, mais il est en général peu utilisé par eux. Le plus souvent cela tient chez eux à l'appréhension de perdre un temps précieux pour leurs propres travaux chimiques et aussi à la crainte des prétendues difficultés des études cristallographiques.

La collaboration d'un cristallographe procure parfois ultérieurement des données cristallographiques qui sont assurément de grande valeur pour caractériser les corps. Mais ces données cristallographiques sont justement désirables et utiles pendant les travaux chimiques, pour appuyer les conclusions qui se présentent au cours des recherches. L'observation par le chimiste lui-même permet seule de les obtenir tout de suite. Un examen plus précis, fait par un spécialiste en cristallographie, peut venir ensuite pour les substances les plus importantes, ou même, si possible, pour toutes les substances produites.

Le chimiste n'a pas à suivre le cristallographe dans toutes les finesses des déterminations, mais il a un besoin capital des procédés les plus simples de ce dernier. Cette juste limitation supprime d'ailleurs la plupart des difficultés des études cristallographiques.

Il est bon de remarquer en outre que beaucoup de cristallisations ne nous offrent que des substances pour lesquelles, même un cristallographe exercé se contenterait de déterminations simples (forme générale du cristal, mesure des angles sous le microscope, propriétés physiques et spécialement optiques, conclusions sur le système cristallin). Cependant, le cristallographe désire que le chimiste lui donne pour

ses études des cristaux bien développés, qui, fréquemment, ne peuvent être obtenus même par des
cristallisations répétées; aussi ne fait on pas le plus
souvent de détermination cristallographique, et bien
des faits importants sont perdus.

En ce qui concerne le mode d'exposition suivi
dans ce petit ouvrage, il y a lieu de remarquer que
l'auteur a cherché, avant tout, une grande simplicité
et une grande clarté, et que, dans un but pratique,
il a fait abstraction des exposés théoriques, autant
qu'il était possible sans nuire à l'intelligence des
phénomènes. De même, il s'est intentionnellement
limité quant aux méthodes d'observation et n'a envi-
sagé qu'un seul appareil : le microscope. En effet,
l'emploi d'instruments de diverses sortes était interdit
en considération du prix d'achat. D'autre part, le
microscope polarisant est un appareil extraordinaire-
ment perfectionné, utilisable pour toutes sortes de
recherches. Quelques accessoires sont nécessaires
pour certaines études plus approfondies.

L'auteur a formé une série de coupes minces spécialement choisies pour les études de déterminations
optiques, d'après laquelle une maison de confiance
(Voigt et Hochgesang à Göttingen) prépare des collections d'étude.

Puisse cet opuscule rendre beaucoup de chimistes
indépendants (dans le sens indiqué plus haut) et leur
être utile pour leurs travaux.

L'auteur prie amicalement les spécialistes auxquels cet exposé de la science cristallographique

ne semblerait pas assez approfondi de considérer qu'il s'agit d'un ouvrage destiné à répandre plus largement l'emploi des méthodes cristallographiques dans le laboratoire de chimie et qu'il faut faciliter l'accès de cette science aux chimistes que l'on veut attirer vers elle.

Dʳ F. RINNE,
*Professeur à l'École technique supérieure de Hanovre.*

# CHAPITRE I

## Relation entre la symétrie géométrique et la symétrie optique des cristaux

**1.** — Au point de vue géométrique, on distingue, d'après les rapports de symétrie, 6 groupes principaux de cristaux, 6 systèmes cristallographiques, qui suffisent si on y ajoute la notion de plan de symétrie.

Un plan de symétrie partage un corps de façon telle que les deux moitiés sont l'image l'une de l'autre par rapport à ce plan considéré comme un miroir.

*Chaque plan de symétrie géométrique d'un cristal est aussi un plan de symétrie optique.* Par exemple, dans le cristal représenté fig. 1, le plan de symétrie (marqué par des hachures) est également un plan de symétrie au point de vue optique, de sorte que la face gauche $p$ doit être exactement symétrique, au point de vue optique, de la face droite $p$, et ainsi de suite.

On ne peut renverser la proposition que tout plan de symétrie géométrique est un plan de symétrie optique, car tout plan de symétrie optique n'est pas nécessairement un plan de symétrie géométrique. Dans certains systèmes, il y a bien d'autres plans de symétrie optique que ceux indiqués par la forme cristallographique ; par conséquent, les cristaux considérés sont d'un ordre de symétrie plus élevé au point de vue optique qu'au point de vue géométrique.

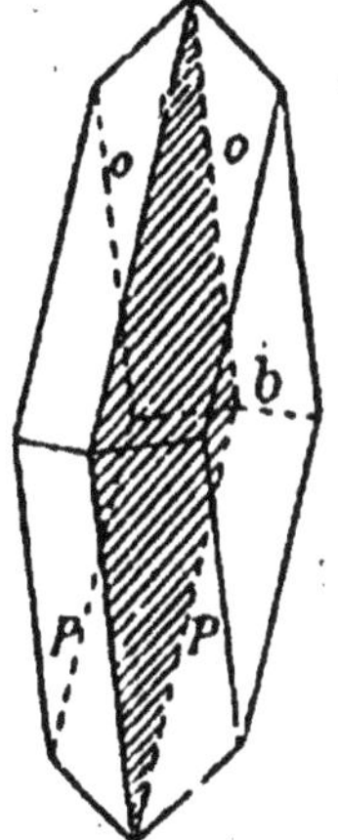

Fig. 1.

**2. — Rapports de symétrie géométrique et optique des divers systèmes cristallographiques.**

*Système triclinique.* — Aucun plan de symétrie géométrique et aucun plan de symétrie optique. La fig. 2 représente un cristal triclinique très simple.

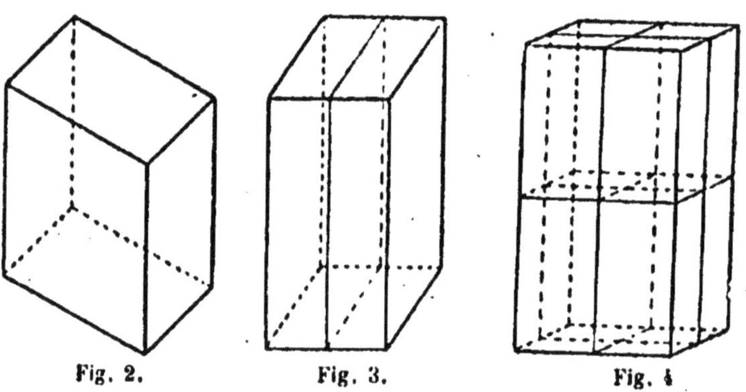

Fig. 2.       Fig. 3.       Fig. 4

*Système monoclinique.* — Un plan de symétrie géométrique et un plan de symétrie optique coïncidant entre eux. Sur la fig. 3 est dessiné le plan de symétrie d'un cristal monoclinique très simple.

*Système rhombique (ou orthorhombique).* — 3 plans de symétrie géométriques à angles droits, coïncidant avec 3 plans de symétrie optique (fig. 4).

Dans les systèmes triclinique, monoclinique et rhombique, la symétrie géométrique et la symétrie optique coïncident donc entièrement.

*Système tétragonal (ou quadratique).* — 5 plans de symétrie géométrique, dont l'un horizontal, les 4 autres verticaux se coupant à 45° (fig. 5). Au point de vue optique, un plan de symétrie horizontal (qui coïncide avec le plan horizontal de symétrie géométrique) et une infinité de plans de symétrie verticaux. La symétrie optique est figurée par un ellipsoïde de révolution (¹) (fig. 6), dont la section horizontale, menée par le centre de l'ellipse, coïncide avec le plan horizontal de symétrie géométrique.

*Système hexagonal.* — 7 plans de symétrie géométrique, dont un horizontal et 6 verticaux se coupant sous des angles de 30° (fig. 7). Au point de vue optique, un plan horizontal de symétrie (qui coïncide avec le plan horizontal de symétrie géométrique) et une infinité de plans de symétrie verticaux. La symétrie optique est figurée par un ellipsoïde de révolu-

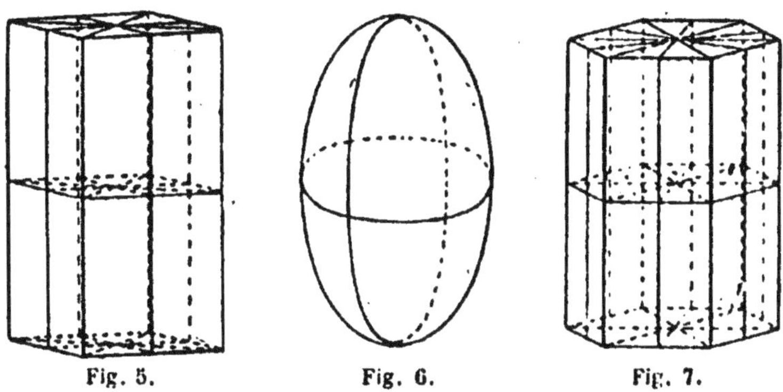

Fig. 5.    Fig. 6.    Fig. 7.

tion (fig. 6), dont la section horizontale, menée par le centre de l'ellipsoïde, coïncide avec le plan horizontal de symétrie géométrique.

La symétrie optique est donc exactement la même dans les systèmes tétragonal et hexagonal. *Le système tétragonal et le système hexagonal ne peuvent être distingués optiquement.*

(1) Un ellipsoïde de révolution est décrit par une ellipse que l'on fait tourner autour de l'un de ses axes. Toutes les sections d'un ellipsoïde de révolution normales à l'axe de rotation (sections transversales) sont des cercles.

Si on fait tourner l'ellipse autour de son grand axe, elle décrit un ellipsoïde de révolution allongé ; autour de son petit axe, un ellipsoïde surbaissé. La symétrie est la même dans les deux cas.

*Système régulier (ou cubique).* — 9 plans de symétrie géométrique se divisant en 3 + 6. Sur la fig. 8, représentant un cristal simple (cube) du système régulier, on reconnaît d'abord les traces de 3 plans de symétrie parallèles aux faces du cube, puis, sur chaque face du cube, 2 (donc, au total, $3 \times 2 = 6$) plans de symétrie passant par les diagonales des faces du cube. Au point de vue optique, le système régulier présente une infinité de plans de symétrie. La symétrie optique est, dans ce cas, figurée par une sphère; par les

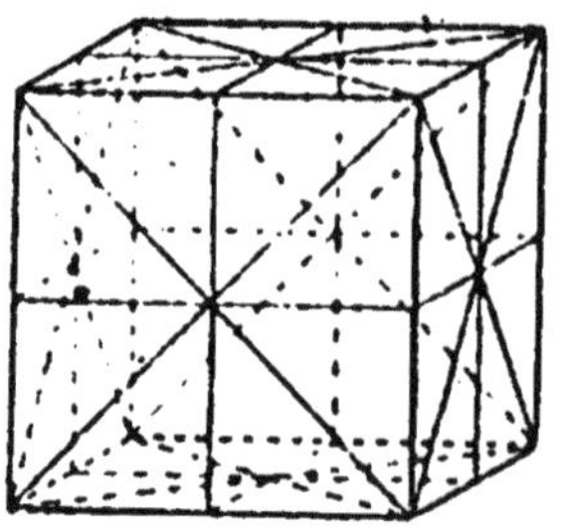

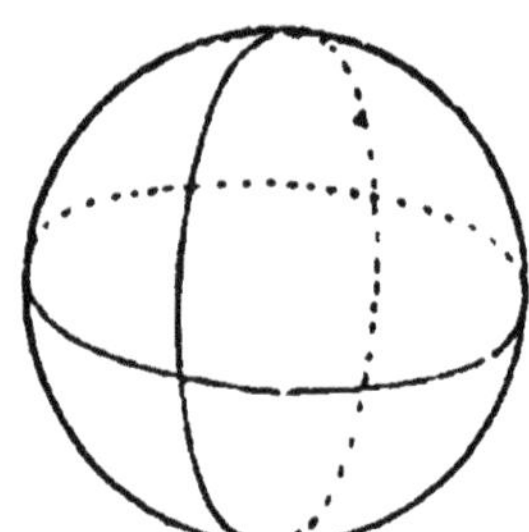

Fig. 8.　　　　　　Fig. 9.

diamètres, en nombre infini, de celle-ci peuvent être menés une infinité de plans de symétrie (fig. 9).

La symétrie géométrique indiquée ici se rapporte à l'holoédrie du système (cas où toutes les faces sont présentes). On obtient les formes hémiédriques et tétartoédriques des systèmes cristallins par le choix approprié de la moitié ou du quart des faces d'une forme holoédrique et la suppression des autres faces. Toutes ces formes holoédriques, hémiédriques, tétartoédriques donnent ensemble 32 groupes de cristaux, qui se distinguent les uns des autres par une symétrie différente.

Au point de vue optique, il n'y a pas à tenir compte de ces 26 groupes hémiédriques ou tétartoédriques, qui viennent s'ajouter aux 6 holoédriques. Les formes hémiédriques et

tétartoédriques se comportent optiquement comme les formes holoédriques du système considéré, de sorte que ces
6 divisions doivent seules être prises en considération (').

(1) Cependant, à cet égard, certaines particularités seront mentionnées plus loin, chez les substances douées de polarisation circulaire. Quand, par la suite, il sera question de la symétrie du
système, cela signifiera symétrie des formes holoédriques.

# CHAPITRE II

## Propriétés géométriques des cristaux

Dans la discussion des méthodes optiques seront utilisées certaines propriétés géométriques et cristallographiques qu'il importe de résumer brièvement. Pour compléter ces considérations et rendre plus facilement intelligible l'exposé d'exemples pratiques, il faut encore ajouter quelques autres préceptes simples de cristallographie géométrique (¹).

Les considérations sur le système triclinique permettront d'exposer la loi fondamentale de la cristallographie.

### Système triclinique

Aucun plan de symétrie géométrique.

Trois faces *A*, *B*, *C* d'un cristal triclinique (fig. 10) donnent, par leurs 3 lignes d'intersection, 3 axes *a*, *b*, *c*, nommés : bra-

(1) Il s'agit seulement ici des principes les plus simples, mais en somme suffisants, de la cristallographie géométrique. Le lecteur trouvera des renseignements plus développés dans les Cours et les Manuels de Minéralogie et de Cristallographie. Pour le début, la Minéralogie de Brauns suffit (collection Göschen). Traités de Minéralogie allemands plus détaillés : Bauer, Hussak, Klockmann, Tschermak, Zirkel. Traités de Cristallographie de Groth, Liebisch, Linck. Introduction au calcul cristallographique de Klein.

Traités français de Friedel, Jannettaz, de Lapparent, Mallard, Wallerant, etc.

Ces ouvrages peuvent être utiles pour les études plus approfondies.

chydiagonale (diagonale courte), macrodiagonale (diagonale longue) et axe vertical ($^1$).

Le prolongement des trois axes produit une croix des axes dyssymétrique et à angles aigus ; dans la fig. 10, cette croix des axes est reportée à l'intérieur du cristal.

**Longueurs d'axes.** — Une quatrième face $D$, placée d'une façon quelconque, sauf parallèlement à un axe, est choisie pour définir les paramètres, en admettant que cette face intercepte, sur chacun des axes $a$, $b$, $c$, une longueur égale à l'unité de celui-ci. Le rapport des axes est le rapport des dimensions de ces paramètres, rapport qui, naturellement, demeure le même pour un déplacement parallèle de $D$ en $D'$. Dans le système triclinique, qui constitue le cas général, ce rapport est irrationnel et, par suite, ne peut être exprimé par des chiffres simples comme 1, 2, 3, ou d'autres semblables. On mesure les longueurs de $a$ et de $c$ au moyen de $b$ pris comme unité de longueur ; on pose donc $b = 1$.

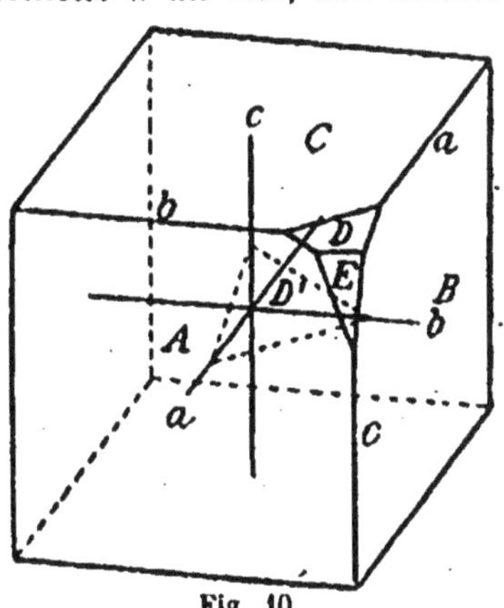



Fig. 10.

Le rapport des axes constant, c'est-à-dire valable pour chaque cristal de la substance considérée, est dans le cas du sulfate de cuivre, par exemple :

$$a : b : c = 0,5656 : 1 : 0,5499.$$

(2) Les trois faces choisies doivent naturellement former un angle solide, c'est-à-dire qu'aucune ne doit être parallèle à l'une ou l'autre des trois ; elles ne doivent pas non plus se couper suivant des arêtes parallèles.

REMARQUE. — Les faces qui se coupent, de manière à donner des arêtes parallèles, comme par exemple les faces verticales de la fig. 7, sont dites *en zone*.

**Lois des paramètres.** — Toutes les autres faces du cristal interceptent sur les axes des fractions rationnelles ou des multiples des longueurs d'axes $a : b : c$ ; par exemple, sur la fig. 10, la face $E$ intercepte les longueurs $3/2a : 2b : 3c$. Dans le cas du sulfate de cuivre, ces longueurs seraient : $3/2 \times 0,5656 : 2 \times 1 : 3 \times 0,5499$.

*Cas général.* — Si le rapport des axes est $a : b : c$, toutes les faces $E$, $F$, etc. interceptent sur la croix des axes des longueurs $na : pb : mc$, dans lesquelles $n$, $p$, $m$ sont des nombres rationnels et le plus souvent simples, par exemple $1/2$, $1/3$, $2$, $3$, etc. ou $\infty$.

Par un déplacement parallèle, on peut rendre $n$, $p$ ou $m = 1$. Soient par exemple $4a : 2b : 3c$ les longueurs interceptées par une face ; si on déplace celle-ci parallèlement à elle-même, jusqu'à ce que $b = 1$, c'est-à-dire si on divise par 2, le rapport devient le suivant :

$$\frac{4}{2}a : \frac{2}{2}b : \frac{3}{2}c = 2a : b : 3/2c.$$

**Notation des faces.** — 1). *Notation de Weiss.* — Elle se fait d'après les longueurs interceptées sur $a$, $b$, $c$ ; on indique par $a'$, $b'$, $c'$ les bras de la croix qui se trouvent en arrière, à gauche ou en bas. $\infty\, a : b : 1/2c$ désignera donc une face parallèle à l'axe $a$, qui rencontre l'axe $b$ à une longueur $= 1$ et l'axe $c$ à $1/2\ c$. (fig. 17).

2). *Notation de Naumann.* — C'est une abréviation des symboles de Weiss, dans laquelle le coefficient de $a$ ou de $b$ (par conséquent $n$ ou $p$) est fait égal à 1. Dans chaque symbole figure la lettre $P$ (abréviation de pyramide) (¹). Avant ou après $P$, on place les coefficients de Weiss, et toujours la longueur interceptée sur $c$ avant $P$, la longueur interceptée sur $a$ ou $b$ après $P$. Pour indiquer si le nombre situé après $P$

---

(1) Dans le système régulier, se rencontre la lettre $O$ (octaèdre).

se rapporte à $a$ ou à $b$, on place sur ce coefficient le signe $\smile$ (court) ou $-$ (long). La face mentionnée ci-dessus $\infty\, a : b : 1/2\, c$ sera donc notée $1/2\, P \bar{\infty}$. Pour préciser en outre dans la notation de Naumann la position de la face dans les différents octants, on considère les quatre octants antérieurs de la croix des axes et on indique la position de la face dans ces octants par la position d'une apostrophe (') placée en haut ou en bas, à droite ou à gauche de $P$. Pour le cas représenté (fig. 17), la notation de Naumann serait $1/2\, P' \bar{\infty}$.

REMARQUES. — $a$). Les coefficients 1 ne s'écrivent pas. Ainsi $P$, désigne la face $a : b : c'$ et $P\bar{2}$ la face $a : 2b' : c'$.

$b$). Dans le symbole général $mP\check{n}$ ou $mP\bar{n}$, $m$ se rapporte à l'axe $c$, $\check{n}$ à l'axe $a$, $\bar{n}$ à l'axe $b$. Par un déplacement de la face parallèlement à elle-même, on peut naturellement rendre la longueur interceptée sur $a$ ou sur $b$ égale à 1. $2a : b' : 2c'$ par suite équivaut à $a : 1/2b' : c'$. Dans la formation des symboles de Naumann, on procède toujours de façon à avoir $n > 1$; on dit par suite $2\,P\check{2}$ et non $P\overline{1/2}$.

3). *Notation de Miller*. — On obtient cette notation, dite notation des indices, en prenant la valeur inverse des coefficients de Weiss. Par exemple $\infty\, a : b : 1/2c$ devient $\dfrac{1}{\infty} : \dfrac{1}{1} : \dfrac{2}{1}$ ou 012 ; de même $a : 3/2b : 3c$ donne $1 : \dfrac{2}{3} : \dfrac{1}{3}$ ou 321.

Cas général : $u\,v\,w$ (').

La position des faces dans les différents octants est indiquée par le signe moins pour les bras des axes situés en arrière, à gauche ou en bas, et est symbolisée par un trait $-$ placé au-dessus de l'indice correspondant.

(1) On emploie fréquemment les lettres $h$, $k$, $l$ ou $p$, $q$, $r$, mais celles-ci ont l'inconvénient de servir à désigner certains éléments des prismes de Lévy, ce qui pourrait entraîner des confusions Aussi l'emploi de $u$, $v$, $w$, a paru préférable.

4). *Notation de Lévy*. — Les cristallographes français se servent généralement de la notation d'Haüy, modifiée par Lévy, qui a sur les précédentes l'avantage de parler à l'esprit et d'être plus facile à énoncer oralement. Elle dérive du principe des troncatures et désigne chaque élément par une lettre.

Dans le parallélipipède le moins symétrique (système triclinique) (fig. 11), on a 4 angles solides différents $a$, $e$, $i$, $o$, 3 faces dissemblables $p$, $m$, $t$ (consonnes du mot primitif),

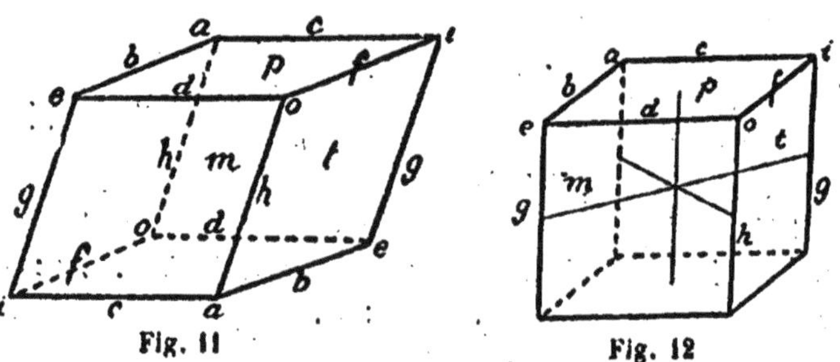

<table>
<tr><td>Fig. 11</td><td>Fig. 12</td></tr>
</table>

4 espèces d'arêtes basiques $b$, $c$, $d$, $f$, 2 espèces d'arêtes latérales $g$, $h$. A mesure que les parallélipipèdes deviennent plus symétriques, le nombre des lettres nécessaires diminue et pour le cube, forme la plus simple, il suffit de 3 lettres : $a$ (pour les angles), $b$ (pour les arêtes), $p$ (pour les faces).

Ces lettres sont disposées dans leur ordre naturel de gauche à droite et de haut en bas (fig. 11). En appliquant les mêmes lettres aux éléments semblables et des lettres différentes aux éléments dissemblables, on fait immédiatement ressortir la symétrie propre à chaque forme primitive.

On place souvent les cristaux de façon que leur base soit horizontale; on voit alors immédiatement que les arêtes longitudinales ne sont pas perpendiculaires à la base dans les systèmes monoclinique et triclinique. (C'est la disposition adoptée pour la fig. 11).

D'autres fois, on dispose le prisme de manière que les arêtes $g$ et $h$ soient verticales et que l'angle dièdre obtus des faces $m$ et $t$ soit placé devant l'observateur vers lequel incline la brachydiagonale. C'est cette position qui a été adoptée pour la fig. 12 et ses homologues ; elle a en effet l'avantage que l'axe parallèle à $g$ et $h$ est placé verticalement, ce qui rend comparables toutes les figures de cet ouvrage.

Pour les formes dérivées, résultant d'une troncature symétrique sur un angle ou parallèle à une arête, chaque face est représentée par la lettre de l'angle ou de l'arête dont elle provient par troncature. Si la face est située d'une manière quelconque sur un angle, son symbole comprendra les lettres de toutes les arêtes aboutissant à cet angle. Chaque lettre est affectée d'un exposant entier ou fractionnaire, indiquant la distance à laquelle la face modifiante coupe certaines lignes prises comme axes cristallographiques (¹). Les 3 axes choisis par Lévy sont les 3 arêtes aboutissant à un angle solide de la forme primitive.

Par exemple une face quelconque, remplaçant l'angle d'un prisme triclinique, sera notée $\left(d^{\frac{1}{x}} f^{\frac{1}{y}} h^{\frac{1}{z}}\right)^{(1)}$ ou $\left(f^{\frac{1}{y}} d^{\frac{1}{x}} h^{\frac{1}{z}}\right)$. $\frac{1}{x}$, $\frac{1}{y}$, $\frac{1}{z}$ étant les longueurs interceptées sur les trois arêtes à partir du sommet. On indique d'abord les longueurs $\frac{1}{x}$ et $\frac{1}{y}$ comptées sur les arêtes de base $\left(\frac{1}{x} \text{ étant} > \frac{1}{y}\right)$ et on place en dernier lieu $\frac{1}{z}$, longueur comptée sur l'arête latérale.

Si 2 des quantités $x$, $y$, $z$ sont égales à 0, on a une face du parallélipipède primitif; si une seule de ces quantités $= 0$, la face est parallèle à l'arête sur laquelle doit être comptée la longueur $\frac{1}{0} = \infty$.

(1) Comme ces distances sont exprimées en paramètres, une forme n'est entièrement définie par un symbole que lorsqu'on connaît le système auquel on a affaire.

(2) Pour simplifier le langage, on emploie parfois une lettre arbitraire telle que $x$, comme abréviation d'un tel symbole.

Ainsi, dans le système triclinique, une modification parallèle sur l'arête $d$ sera notée $\left(d^{\frac{1}{e}} f^{\frac{1}{p}} h^{\frac{1}{e}}\right)$, ce que l'on écrit par abréviation $d^{\frac{z}{e}}$, la lettre $d$ rappelant l'arête tronquée, $\frac{z}{y}$ le rapport $> 1$ ou $< 1$ des longueurs interceptées sur $f$ et $h$. Dans $h^{\frac{z}{e}}$, $\frac{y}{x}$ exprimera le rapport, toujours $> 1$, des longueurs interceptées sur les deux arêtes de base par une face parallèle à $h$.

Dans le système triclinique, les arêtes de base n'étant pas égales entre elles, au symbole $h^{\frac{y}{e}}$ correspond une seule troncature, s'inclinant tantôt vers la face de gauche $m$ (on écrit alors $^{\frac{y}{e}}h$), tantôt vers la face de droite $t$ $\left(h^{\frac{y}{e}}\right)$. (Dans les autres systèmes cristallins, cette distinction est inutile, parce que la face est tangente à l'arête, ou bien est répétée par suite de la symétrie.

Si on a $x = y$, la troncature est située symétriquement sur l'angle solide et la lettre de ce dernier, affectée d'un indice approprié, sert à désigner la face. Par exemple, pour un angle du prisme triclinique, on aura $\left(d^{\frac{1}{e}} f^{\frac{1}{p}} h^{\frac{1}{e}}\right) = o^{\frac{z}{e}}$, $\frac{z}{x}$ pouvant être $> 1$ ou $< 1$.

On convient de prendre pour numérateur de l'exposant la caractéristique répétée deux fois ; on a donc $o^{\frac{z}{e}} = o^{\frac{\frac{1}{e}}{\frac{1}{i}}}$ ; en d'autres termes, on prend pour dénominateur de l'exposant celui de la caractéristique répétée deux fois et pour numérateur le dénominateur de la caractéristique unique.

La notation de Lévy, très commode pour le langage, présente cet avantage qu'un symbole représente, grâce à la symétrie, toutes les faces d'une même forme ; mais cela peut être aussi un inconvénient, car on ne peut spécifier s'il s'agit d'une face plutôt que d'une autre semblable. Dans la notation de Miller, grâce à l'ordre des caractéristiques et aux signes + et — dont elles sont affectées, le symbole désigne toujours une face unique déterminée et non pas une face quelconque de la forme.

Aussi y a-t-il parfois intérêt à employer la notation de Miller, qui, au surplus, se prête mieux au calcul que celle de Lévy. Dans les cas où les deux systèmes utilisent les mêmes axes, la traduction est très simple, puisque les caractéristiques de Miller ($x\ y\ z$) sont les dénominateurs des fractions employées par Lévy $\left(b^{\frac{1}{x}}\ b^{\frac{1}{y}}\ b^{\frac{1}{z}}\right)$. Mais le plus souvent les axes sont différents, sauf l'axe vertical qui reste toujours le même dans les deux systèmes. Tandis que Lévy fixe la position d'une face d'après les segments $\dfrac{1}{x}$, $\dfrac{1}{y}$, $\dfrac{1}{z}$, interceptés par la face à partir du sommet de l'angle, Miller caractérise cette face par les dénominateurs ($u\ v\ w$) des segments $\dfrac{1}{u}$, $\dfrac{1}{v}$, $\dfrac{1}{w}$, interceptés à partir du centre du cristal sur trois axes, l'un vertical, les deux autres parallèles aux diagonales de la base du prisme de Lévy et ayant pour unité de longueur, la moitié de la diagonale correspondante (systèmes triclinique, monoclinique, rhombique, tétragonal).

Pour passer d'un système de notation à l'autre, il faut donc faire une transformation de coordonnées. Soient $x, y, z$ les dénominateurs des fractions de Lévy, $u, v, w$ les caractéristiques de Miller, il existe entre ces quantités les relations : $u = \dfrac{x + y}{2}$, $v = \dfrac{x - y}{2}$, $w = z$.

On passe donc d'une notation à l'autre en remplaçant les caractéristiques d'un système par leur équivalent dans l'autre (Bien tenir compte des signes).

### Formes tricliniques

### 1. Hòloédrie

*a). Pinacoïdes.* — Faces parallèles à deux axes.
α). Base. || $a$ et $b$ (¹)
$\infty a : \infty b : c = OP$ (symbole particulier) $= 001 = p$ (²)
2 faces (une face et la face opposée parallèle) (fig. 14 et faces $c$ de la fig. 13).

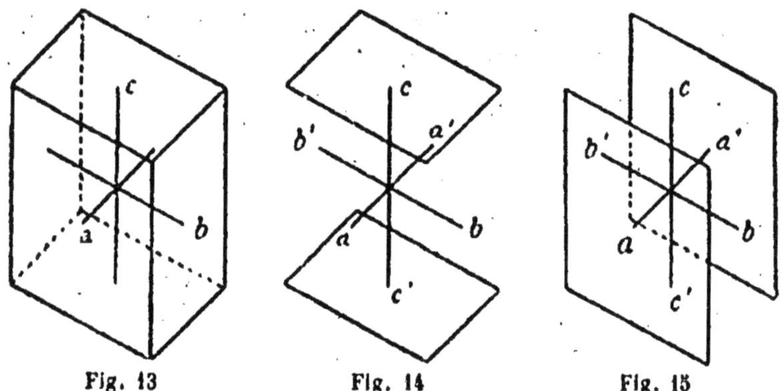

Fig. 13          Fig. 14          Fig. 15

β). Macropinacoïde. || $b$ et $c$.
$$a : \infty b : \infty c = \infty P \overline{\infty} = 100 = h^{1}$$
2 faces (fig. 15 et faces $a$ de la fig. 13).
γ). Brachypinacoïde. || $a$ et $c$
$$\infty a : b : \infty c = \infty P \overline{\infty} = 010 = g^{1}$$
2 faces (fig. 16 et faces $b$ de la fig. 13).

(1) Le signe || est l'abréviation de parallèle. || $a$ et $b$ signifie donc parallèle à $a$ et à $b$.

(2) Pour toutes les formules suivantes, ces symboles sont énon·cés dans le même ordre : Weiss, Naumann, Miller, Lévy. La lettre placée en tête, avant le signe $=$, est simplement celle que porte la face sur la figure.

*b*). *Dômes.* — Faces parallèles à un axe.

α). Brachydômes. Faces $\|$ *a*.

par ex.: $\infty a : b : mc = m_{\prime}P' \bowtie = 0\ u\ w = i^{x\stackrel{=}{w}}$.
2 faces (fig. 17) ($^{\prime}$).

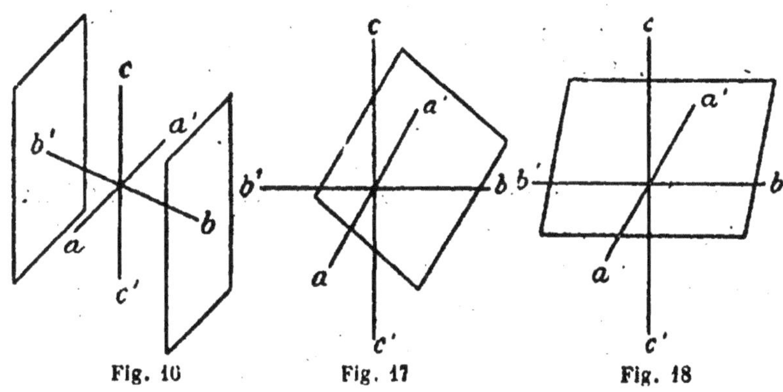

Fig. 16      Fig. 17      Fig. 18

β). Macrodômes. Faces $\|$ *b*.

par ex.: $a : \infty b : mc = m'P' \bowtie = u\ 0\ w = o^{x\stackrel{=}{w}}$.
2 faces (fig. 18).

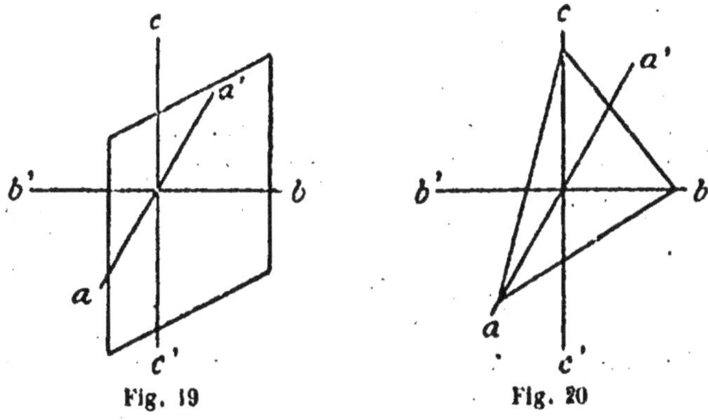

Fig. 19      Fig. 20

(1) Dans la fig. 17, de même que dans les fig. 18-20, on a représenté une seule des deux faces parallèles de la forme considérée.

γ). **Prismes. Faces || *c*.**

par ex.: $a : nb : \infty\, c = \infty\, P',\bar{n} = u\,v\,0 = h^{\frac{u+v}{u-v}}$.
2 faces (fig. 19).

c). *Pyramides.* — **Faces parallèles à aucun axe.**

par ex.: $a : nb : mc = mP'\bar{n} = u\,v\,w = f^{\frac{1}{u-v}}\,d^{\frac{1}{u+v}}\,h^{\frac{1}{w}}$.
2 faces (fig. 20).

## 2. Hémiédrie

Dans l'holoédrie, une seule forme comprend toujours deux faces parallèles.

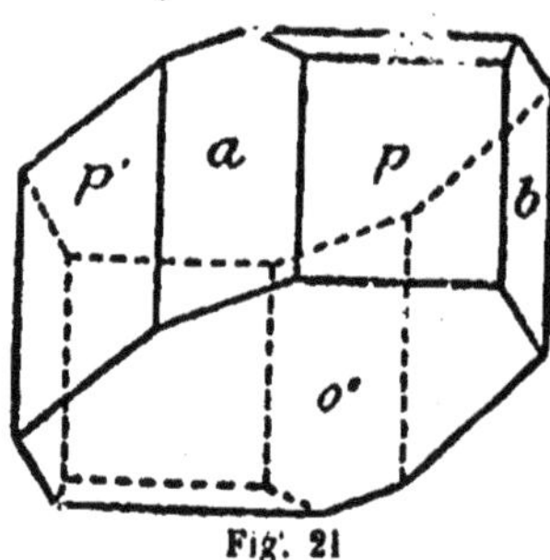

Fig. 21

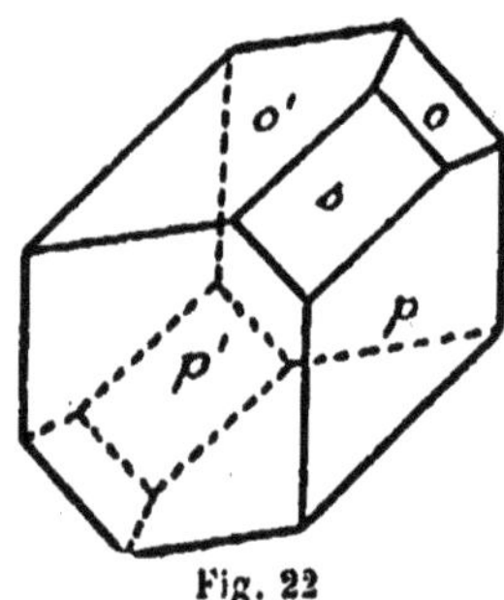

Fig. 22

Dans l'hémiédrie triclinique, chaque face simple est un tout par elle-même ; elle constitue une forme à elle seule.

Dans la notation des faces de Weiss et de Naumann, l'hémiédrie est toujours exprimée par une fraction, comme ci-dessous.

$$\text{Cas général :}\quad \frac{a : nb : mc}{2}\ \text{ou}\ \frac{mP\bar{n}}{2}.$$

Dans la notation de Miller, on indique l'hémiédrie triclinique en ajoutant devant le symbole la lettre grecque x, placée en avant des caractéristiques, par exemple $x(uvw)$.

Dans le système de Lévy, il n'existe aucun signe particulier pour désigner les diverses sortes d'hémiédrie.

*Exemples du système triclinique* (fig. 21 et 22).

**Fig. 21. — Sulfate de cuivre.**

$$a = a : \infty b : \infty c = \infty P \bar{\bar{\infty}} = 100 = h^1$$
$$b = \infty a : b : \infty c = \infty P \breve{\infty} = 010 = g^1$$
$$c = \infty a : \infty b : c = 0P = 001 = p$$
$$p = a : b \infty c = \infty P'_{,} = 110 = t$$
$$p' = a : b' : \infty c = \infty {,}'P = 1\bar{1}0 = m$$
$$o'' = a : b : c' = P_{,} = 11\bar{1} = b^{1/2}.$$

**Fig. 22. — Axinite.**

$$o = a : b : c = P' = 111 = f^{1/2}.$$
$$o' = a : b' : c = {}'P = 1\bar{1}1 = d^{1/2}.$$
$$p = a : b : \infty c = \infty P'_{,} = 110 = t$$
$$p' = a : b' : \infty c = \infty {,}'P = \bar{\bar{1}}10 = m.$$
$$s = a : \infty b : 2c = 2'P \bar{\bar{\infty}} = 201 = o^{1/2}.$$

## Système monoclinique ou clinorhombique

### 1. Holoédrie

Un plan de symétrie géométrique correspondant au pinacoïde latéral (fig. 3).

Les axes $a$, $b$, $c$ s'appellent : clinodiagonale (diagonale inclinée), orthodiagonale (diagonale horizontale) et axe vertical. La disposition des faces (de même que la croix des axes) est semblable à droite et à gauche. Le plan de symétrie passe par les axes $a$ et $c$ et est perpendiculaire à $b$ ($a \perp b$, $b \perp c$). $a$ et $c$ se coupent à angle aigu (fig. 23).

**Notation des faces.** — La notation des faces se fait, comme toujours, au moyen des longueurs interceptées sur les axes dans le système de Weiss, au moyen des indices dans celui de Miller. L'axe vertical de Miller est parallèle aux arêtes verticales du prisme primitif de Lévy ; les deux autres axes sont parallèles aux diagonales de la base du prisme de Lévy. La fig. 24 indique suffisamment la notation de Lévy.

La notation de Naumann correspond aussi à celle du système triclinique, mais il y a lieu de faire les remarques sui-

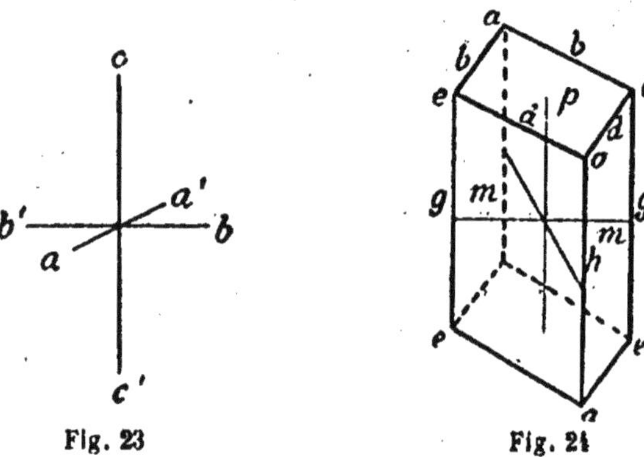

Fig. 23
Fig. 24

vantes, particulières au système monoclinique. Dans le symbole général $mPn$ (dans lequel, comme toujours, $m$ se rapporte à l'axe $c$), suivant que $n$ désigne la longueur interceptée sur $a$ ou sur $b$, il est marqué $\grave{n}$ ou $\bar{n}$ ($\grave{n}$ clinodiagonale, $\bar{n}$ orthodiagonale).

### Formes

 $a$). *Pinacoïdes.* — Faces parallèles à deux axes.

 $\alpha$). Base. ∥ $a$ et $b$

$$\infty a : \infty b : c = 0P = 001 = p$$

2 faces (fig. 25).

 $\beta$). Orthopinacoïde. ∥ $b$ et $c$.

$$a : \infty b : \infty c = \infty P \bar{\infty} = 100 = h^1$$

2 faces (fig. 26).

 $\gamma$). Clinopinacoïde. ∥ $a$ et $c$ (donc perpendiculaire à $b$).

$$\infty a : b : \infty c = \infty P \grave{\infty} = 010 = g^1$$

2 faces (fig. 27).

*b). Dômes.* — Faces parallèles à un axe.

α. Clinodômes. || *a*

$$\infty a : b : mc = mP \infty = 0\,v\,w = e^{\frac{w}{u}}.$$

4 faces (fig. 28).

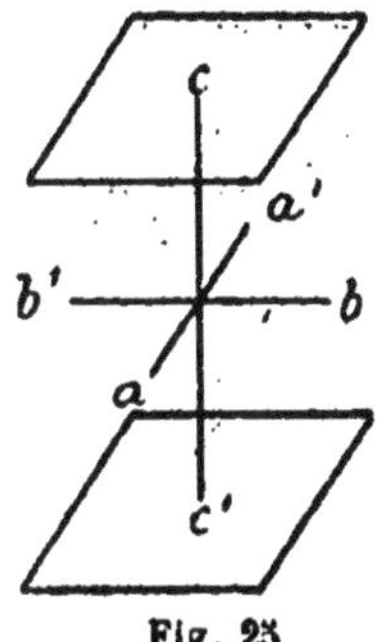

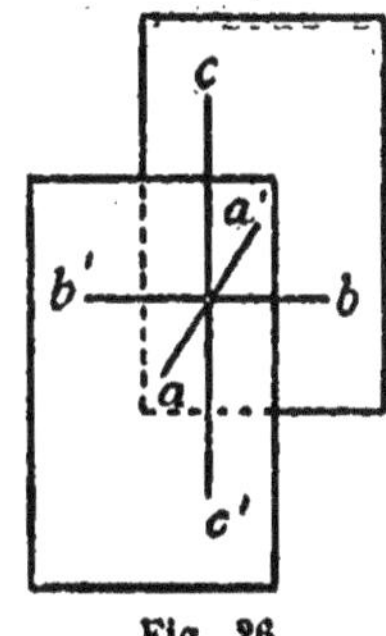

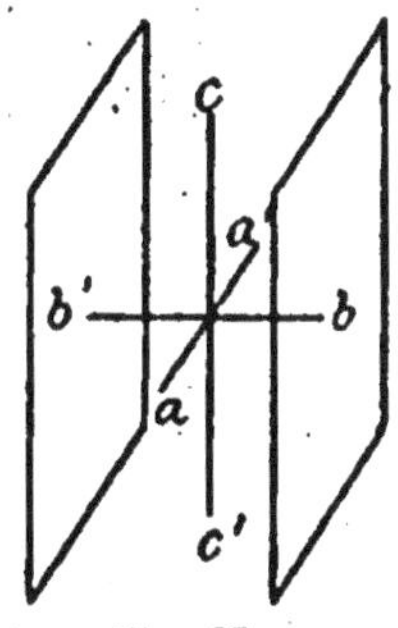

Fig. 25      Fig. 26      Fig. 27

β. Orthodômes. || *b*

2 faces, soit sur l'angle obtus des axes *a* et *c* (orthodômes négatifs) (fig. 29),

$$a : \infty b : mc = - m\,P\,\infty = u\,0\,w = o^{\frac{w}{u}},$$

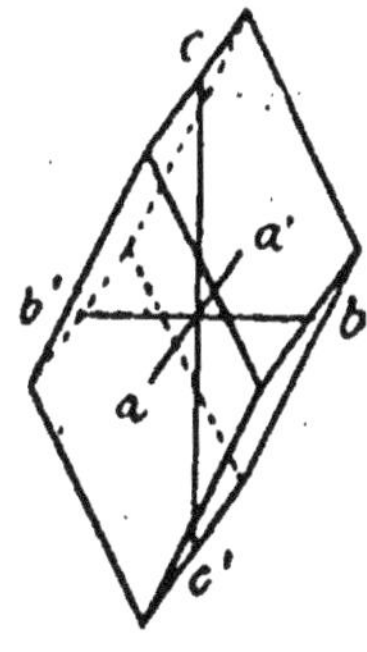

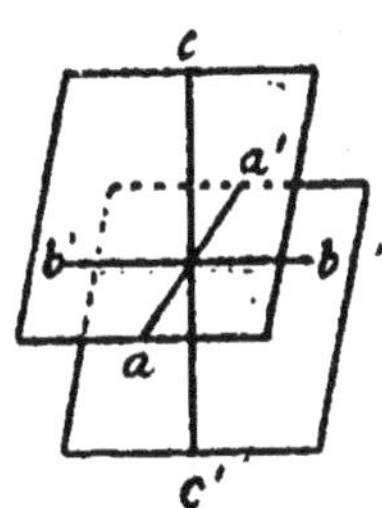

Fig. 28        Fig. 29

soit sur l'angle aigu des axes *a* et *c* (orthodômes positifs)

$$a : \infty b : mc' = + mP \infty\,(^1) = \bar{u}\,0\,w = a^{\frac{w}{u}}.$$

(1) Le signe + peut être négligé.

γ. *Prismes.* ‖ *c*

par ex.: $a : nb : \infty\, c = \infty\, P\bar{n} = u\,v\,0 = h^{\frac{u+u}{u-v}}$
4 faces (fig. 30).

*c). Pyramides.* — Faces parallèles à aucun axe.
4 faces, soit sur l'angle obtus des axes *a* et *c* (pyramides négatives) (fig. 31), par exemple :

$$a : nb : mc = -\, mP\bar{n} = u\,v\,w = d^{\frac{1}{u-v}}\, d^{\frac{1}{u+v}}\, h^{\frac{1}{w}},$$

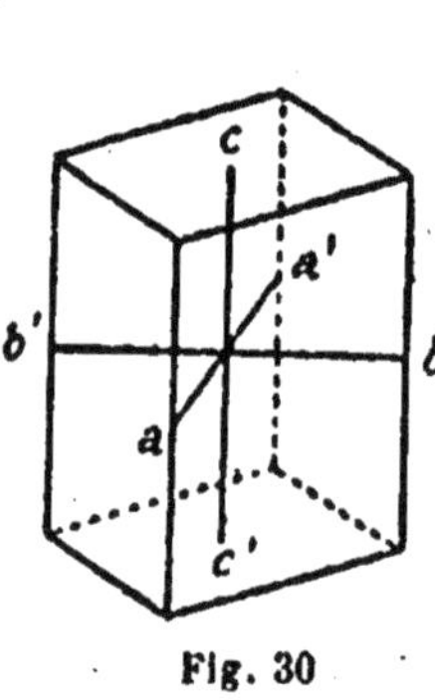

Fig. 30

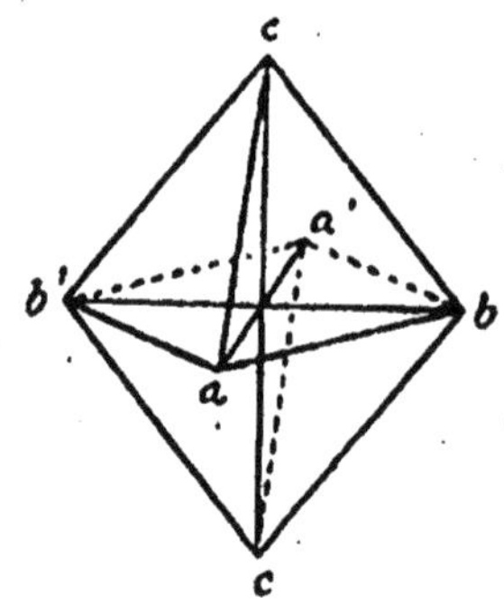

Fig. 31

soit sur l'angle aigu des axes *a* et *c* (pyramides positives), par exemple :

$$a : nb : mc' = +\, mP\bar{n} = \bar{u}\,v\,w = b^{\frac{1}{u-v}}\, b^{\frac{1}{u+v}}\, h^{\frac{1}{w}}.$$

*Relation générale des angles.* — Toutes les faces qui sont parallèles à l'axe *b* (base *p*, orthopinacoïde *h'*, tous les ortho-dômes) sont perpendiculaires au pinacoïde latéral *g'*.


## 2. HÉMIÉDRIE

Comme cas d'hémiédrie le plus important du système mo-noclinique, il faut citer l'hémimorphisme monoclinique, dans lequel se produit un contraste dans le développement des faces aux extrémités de l'axe *b* (fig. 33). Le plan de sy-métrie fait alors défaut. Dans le système de Miller, l'hémimorphisme s'indique par un $\epsilon$ en avant des caractéristiques. Les relations générales des angles ne sont pas affectées par l'hémiédrie.

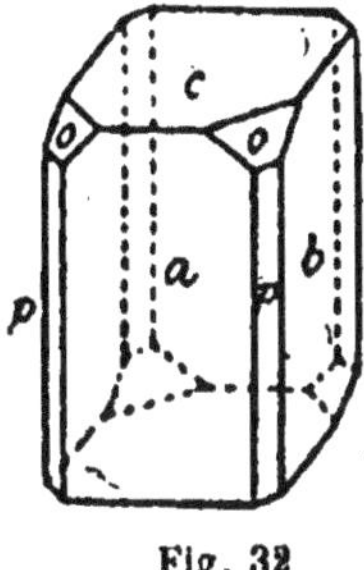

Fig. 32

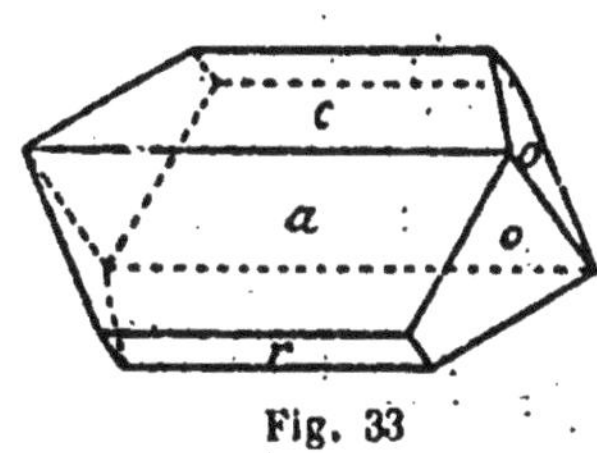

Fig. 33

*Exemples du système monoclinique* (fig. 32-35).

Fig. 32. — Augite.

$$a = a : \infty\, b : \infty\, c = \infty\, P \,\bar{\infty} = 100 = h^1$$
$$b = \infty\, a : b : \infty\, c = \infty\, P \,\breve{\infty} = 010 = g^1$$
$$c = \infty\, a : \infty\, b : c = 0P = 001 = p$$
$$o = a : b : c = -\, P = 111 = d^{1/2}$$
$$p = a : b \,\infty\, c = \infty\, P = 110 = m.$$

Fig. 33. — Epidote.

$$a = a : \infty\, b : \infty\, c = \infty\, P \,\bar{\infty} = 100 = h^1$$
$$c = \infty\, a : \infty\, b : c = 0P = 001 = p$$
$$o = a' : b : c = P = \bar{1}11 = b^{1/2}$$
$$r = a : \infty\, b : c' = P \,\bar{\infty} = \bar{1}01 = a^1.$$

Fig. 34. — Réalgar.

$$b = \infty\, a : b : \infty\, c = \infty\, P \,\breve{\infty} = 010 = g^1$$
$$c = \infty\, a : \infty\, b : c = 0P = 001 = p$$
$$o = a : b : c' = P = \bar{1}11 = b^{1/2}$$
$$p = a : b : \infty\, c = \infty\, P = 110 = m$$
$$f = a : 2b : \infty\, c = \infty\, P\bar{2} = 210 = h^3$$
$$n = \infty\, a : b : c = P \,\breve{\infty} = 011 = e^1.$$

Fig. 35. — Sucre de lait.

$$a = a : \infty b : \infty c = \infty P \,\bar{\infty} = 100 = h^1$$

$$b = \frac{\infty a : b : \infty c}{2}\,\partial = \frac{\infty P \,\bar{\infty}}{2}\,\partial = \epsilon\, 010 = g^1$$

$$b' = \frac{\infty a : b' : \infty c}{2}\,\varphi = \frac{\infty P \,\bar{\infty}}{2}\,\varphi = \epsilon\, 0\bar{1}0 = g^1$$

$$p = \frac{a : b : \infty c}{2}\,\partial = \frac{\infty P}{2}\,\partial = \epsilon\, 110 = m$$

$$p' = \frac{a : b' : \infty c}{2}\,\varphi = \frac{\infty P}{2}\,\varphi = \epsilon\, 1\bar{1}0 = m$$

$$q' = \frac{\infty a : b' : c}{2}\,\varphi = \frac{P \,\bar{\infty}}{2}\,\varphi = \epsilon\, 0\bar{1}1 = e^1$$

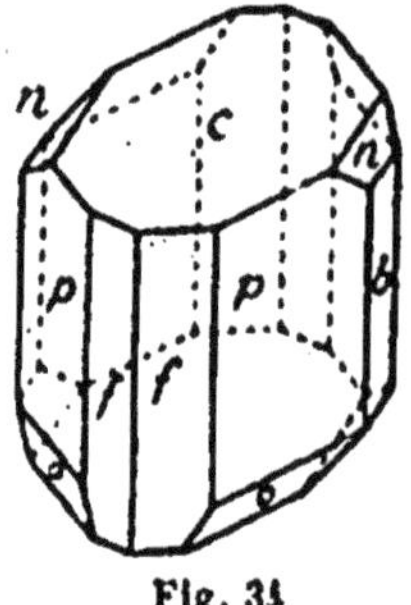


Fig. 34

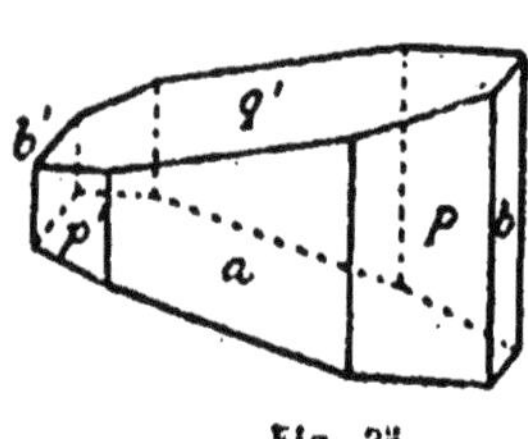


Fig. 35

REMARQUE. — $\partial$ signifie *droite*, $\varphi$ *gauche*.

Les faces $b$ et $b'$, de même que les deux faces droites $p$ et les deux faces gauches $p'$ sont indépendantes par suite de l'hémimorphisme; dans ce cas, la moitié gauche du clino-dôme existe seule, comme forme indépendante.

## Système rhombique ou orthorhombique

### 1. Holoédrie

3 plans de symétrie géométrique perpendiculaires les uns aux autres (fig. 4). Ils correspondent aux trois pinacoïdes. Les axes $a$, $b$, $c$ sont nommés : brachydiagonale (diagonale courte), macrodiagonale (diagonale longue) et axe vertical. Ils forment une croix d'axes à angles droits (fig. 36).

La notation des faces répond à celle des systèmes triclinique et monoclinique. Les axes horizontaux de Miller sont

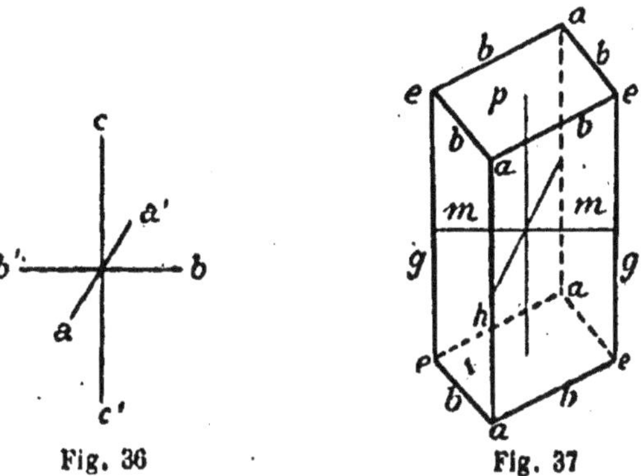

Fig. 36         Fig. 37

encore parallèles aux diagonales de la base de Lévy. La fig. 37 représente le prisme primitif de Lévy.

Nous inscrirons les caractéristiques de Miller dans le même ordre que précédemment ($a$, $b$, $c$) ; par conséquent, la première caractéristique correspondra dans ce cas à la brachydiagonale, la deuxième à la macrodiagonale, la troisième à l'axe vertical. Il est bon de faire observer que dans beaucoup de traités français (celui de Mallard entre autres), la notation des axes $a$ et $b$ est l'inverse de celle adoptée ici, et que, par conséquent, la première caractéristique correspond alors à la grande diagonale, la 2ᵉ à la petite diagonale. Les deux premières caractéristiques permutent donc entre elles, quand on passe d'un mode de notation à l'autre.

### Formes

*a). Pinacoïdes.* — Faces parallèles à 2 axes.

α). **Base.** ‖ *a* et *b*, donc perpendiculaire à *c*

$$\infty\, a : \infty\, b : c = OP = 001 = p$$

2 faces (fig. 38).

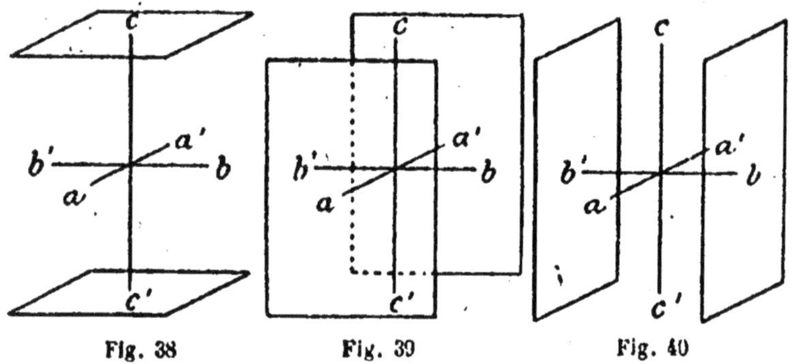

Fig. 38       Fig. 39       Fig. 40

β. **Macropinacoïde.** ‖ *b* et *c*, donc perpendiculaire à *a*.

$$a : \infty\, b : \infty\, c = \infty\, P\, \overline{\infty} = 100 = h^{1}$$

2 faces (fig. 39).

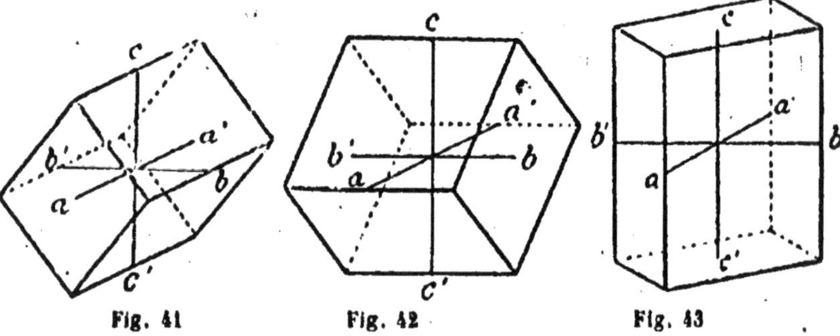

Fig. 41       Fig. 42       Fig. 43

γ). **Brachypinacoïde.** ‖ *a* et *c*, donc perpendiculaire à *b*.

$$\infty\, a : b : \infty\, c = \infty\, P\, \overline{\infty} = 010 = g^{1}$$

2 faces (fig. 40).

*b). Dômes.* — Faces parallèles à un axe.

α). Brachydômes. || $a$

$$\infty\, a : b : mc = mP\, \text{⧖} = 0\, u\, w = e^{\frac{1}{m}} \text{ ou } e^{\frac{u}{n}}$$

4 faces (fig. 41).

β). Macrodômes. || $b$

$$a : \infty\, b : mc = mP\, \overline{\text{⧖}} = u\, 0\, w = a^{\frac{1}{m}} \text{ ou } a^{\frac{u}{n}}$$

4 faces (fig. 42).

γ). Prismes. || $c$.

par ex.: $na : b : \infty\, c = \infty\, P\check{n} = u\, v\, 0 = g^{\frac{u+v}{u-v}}$

4 faces (fig. 43).

*c). Pyramides.* — Faces parallèles à aucun axe.

par ex.: $a : nb : mc = mP\bar{n} = u\, v\, w = b^{\frac{1}{u-v}}\, b^{\frac{1}{u+v}}\, h^{\frac{1}{w}}$

8 faces. Donc à proprement parler doubles pyramides (octaèdres) (fig. 44).

*Relations générales des angles.* — Toutes les faces qui sont parallèles à l'axe $a$ (Base $p$, pinacoïde latéral $g^1$, tous les brachydômes) sont normales au pinacoïde antérieur $h^1$ ; toutes les faces qui sont parallèles à l'axe $b$ (Base $p$, macropinacoïde $h^1$, tous les macro-dômes) sont normales au brachypinacoïde $g^1$ ; toutes les faces qui sont parallèles à l'axe $c$ (Macropinacoïde $h^1$, brachypinacoïde $g^1$, tous les prismes) sont normales à la base $p$.

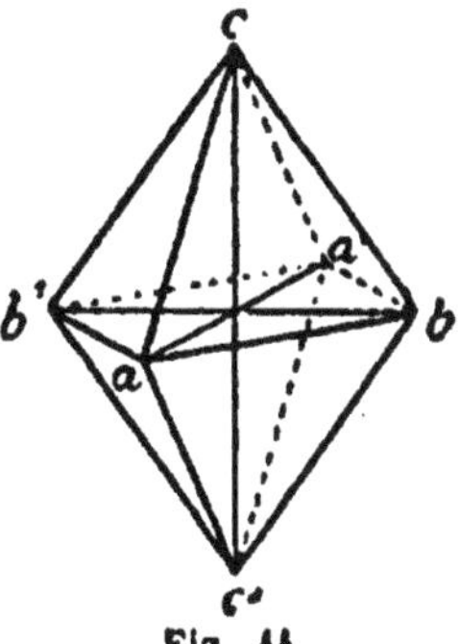


Fig. 44

## 2). HÉMIÉDRIE

*a). Hémiédrie sphénoïdale.* — A la place des pyramides, se présentent des sphénoïdes avec 4 faces. Toutes les autres formes comme dans l'holoédrie ; voir fig. 47, où 2 faces sphénoïdales seulement (et jamais 4 faces pyramidales) se placent au-dessus et au-dessous du prisme.

Ce mode d'hémiédrie est indiqué, dans le système de Miller, par un x.

Fig. 45

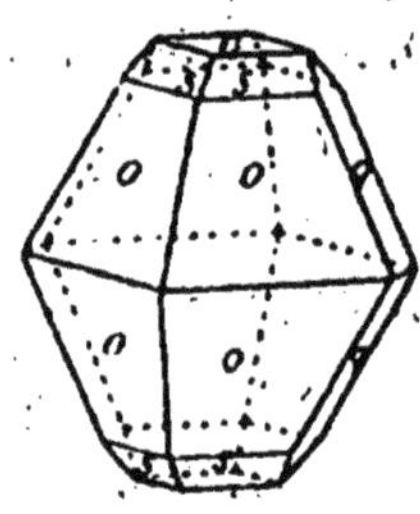

Fig. 46

b) *Hémimorphisme*. — Conformation différente aux extrémités d'un axe. Cf. par ex. fig. 48.

Les relations générales des angles restent les mêmes que dans l'holoédrie (voir plus haut).

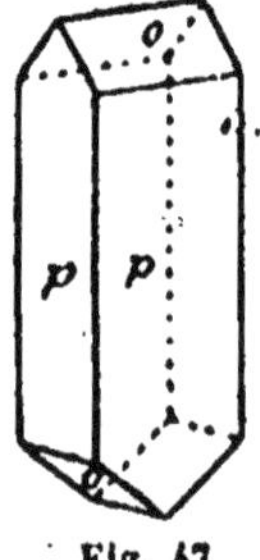

Fig. 47

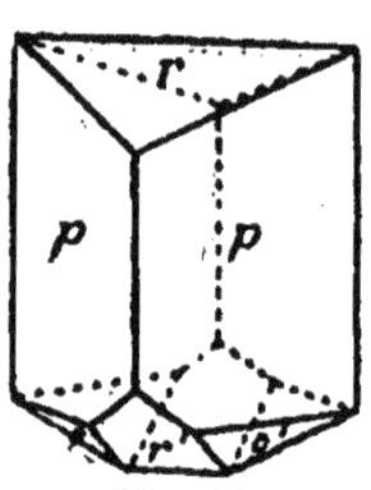

Fig. 48

*Exemples du système rhombique* (fig. 45-48)

Fig. 45. — Sulfate de baryum.

$$c = \infty a : \infty b : c = 0P = 001 = p$$
$$q = \infty a : b : c = P\infty = 011 = e'$$
$$r = a : \infty b : 1/2\,c = 1/2P\infty = 102 = a'$$

Fig. 46. — Soufre.

$$c = \infty\, a : \infty\, b : c = 0P = 001 = p$$

$$o = a : b : c = P = 111 = b^{1/2}$$

$$s = a : b : 1/3\, c = 1/3P = 113 = b^{1/3}$$

$$q = \infty\, a : b : c = P \bar{\infty} = 011 = e^{1}$$

Fig. 47. — Sulfate de magnésium.

$$p = a : b : \infty\, c = \infty\, P = 110 = m$$

$$o = \frac{a : b : c}{2} = \frac{P}{2} = \text{x } 111 = b^{1/2}.$$

Fig. 48. — Résorcine.

$$p = a : b : \infty\, c = \infty\, P = 110 = m$$

$$r = \frac{a : \infty\, b : c}{2}\, h = \frac{P \bar{\infty}}{2}\, h = \text{« } 101 = a^{1}$$

$$r' = \frac{a : \infty\, b : c'}{2}\, b = \frac{P \bar{\infty}}{2}\, b = \text{« } 10\bar{1} = a^{1}$$

$$o' = \frac{a : b : c'}{2}\, b = \frac{P}{2}\, b = \text{« } 11\bar{1} = b^{\frac{1}{2}}$$

Remarque. — *h* signifie *haut*, *b* *bas*.

## Système tétragonal ou quadratique

### 1. Holoédrie

5 plans de symétrie géométrique, dont l'un horizontal (formé par la base), les 4 autres verticaux, se coupant à 45° (fig. 5). Les lignes d'intersection des plans de symétrie donnent la croix des axes. Dans la fig. 49, la surface du papier est le plan de symétrie horizontal (basique) ; les plans de symétrie verticaux lui sont perpendiculaires et le coupent suivant les lignes *aa* (axes conjugués ; plans de 1re espèce) et *a'a'* (axes intermédiaires ; plans de 2e espèce). La ligne d'intersection des 4 plans de symétrie verticaux (= l'axe *c*, nommé

aussi l'axe principal) est normale aux axes $a$ et $a'$, et apparaît vue d'en haut sur cette figure comme un point.

Pour caractériser les formes, il suffit de la croix des axes fig. 50 ; dans cette dernière les axes intermédiaires sont supprimés.

La notation des faces se fait comme dans les systèmes précédents. Naturellement les signes $\smile$ et $-$ font défaut, puisque les axes conjugués sont de même valeur.

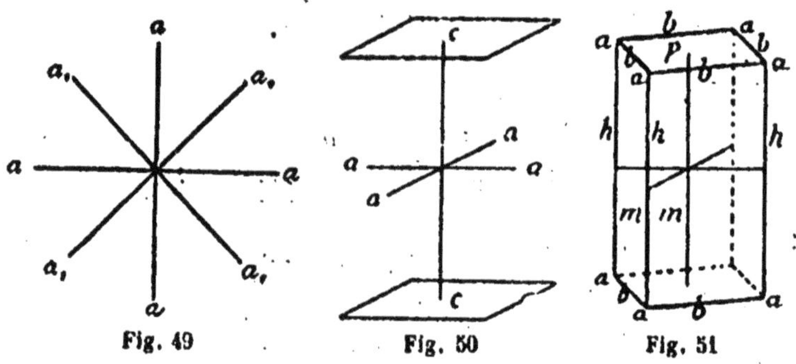

Fig. 49      Fig. 50      Fig. 51

Les axes horizontaux de Lévy, c'est-à-dire les arêtes basiques de la forme primitive, sont les bissectrices des angles que font les axes horizontaux de Miller, Naumann et Weiss ; l'axe vertical est le même. La notation des éléments du prisme de Lévy (fig. 51) se fait d'après les principes généraux.

### Formes

a). *Pinacoïdes.* — Faces normales à l'axe vertical, donc parallèles aux axes conjugués.

Base :

$$\infty\, a : \infty\, a : c = 0P = .001 = p$$

2 faces (fig. 50).

b). *Prismes.* — Faces parallèles à l'axe vertical. Formes ouvertes aux extrémités ; fermées par la base sur les figures 52-54.

α). Prôtoprisme :

$$u : a : \infty c = \infty P = 110 = m$$

4 faces. Tourne une arête en avant. Les faces adjacentes se coupent à 90° (fig. 52).

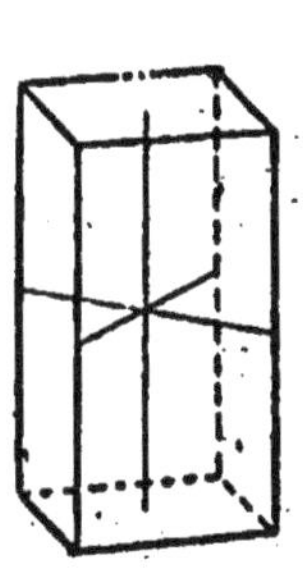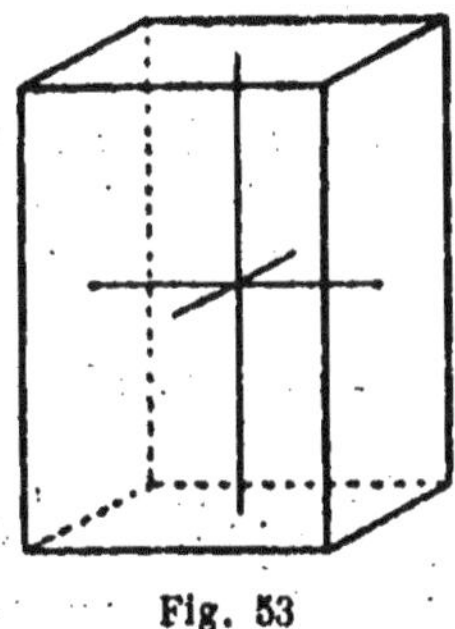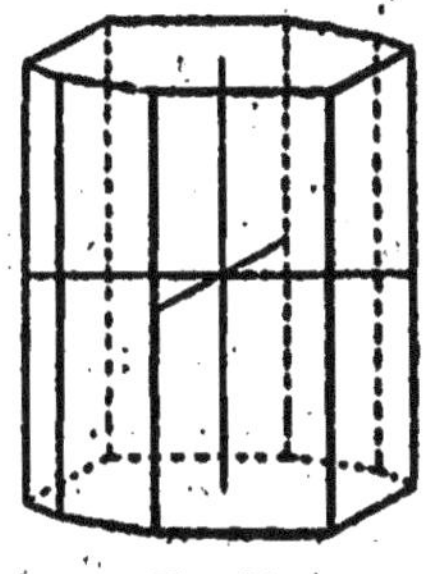

Fig. 52      Fig. 53      Fig. 54

β). Deutéroprisme :

$$a : \infty a : \infty c = \infty P \infty = 100 = h^{1}$$

4 faces. Tourne une face en avant. Les faces adjacentes se coupent à 90° (fig. 53).

γ). Prismes octogonaux (ditétragonaux) :

$$a : na : \infty c = \infty Pn = u \, v \, 0 = h^{\frac{u+v}{u-v}}$$

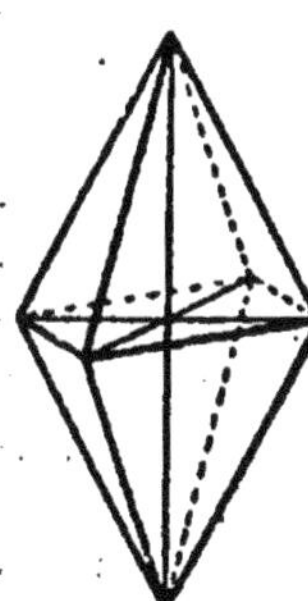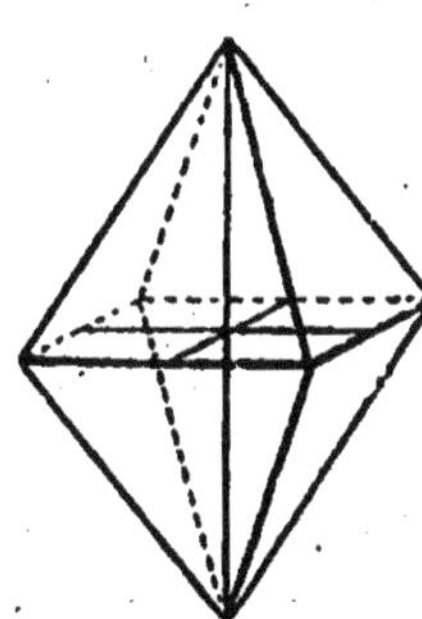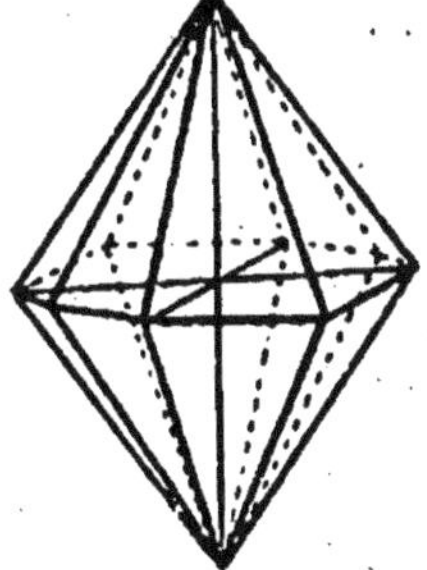

Fig. 55      Fig. 56      Fig. 57

8 faces. Arêtes avec des angles alternativement égaux (fig. 54).

3

*c).* *Pyramides.* — Faces inclinées sur l'axe vertical.

*α).* Protopyramides :

$$a : a : mc = mP = u\ u\ w = b^{\frac{1}{2u}} \text{ ou } b^{\frac{1}{2m}}$$

8 faces. Tournent un angle en avant (fig. 55).

*β).* Deutéropyramides :

$$a : \infty\ a : mc = mP\ \infty = u\ 0\ w = a^{\frac{u}{2}} \text{ ou } a^{\frac{1}{m}}$$

8 faces. Tournent une arête horizontale en avant (fig. 56).

*γ).* Dioctaèdres (pyramides ditétragonales) :

$$a : na : mc = mPn = u\ v\ w = b^{\frac{1}{u-v}}\ b^{\frac{1}{u+v}}\ h^{\frac{1}{w}}$$

16 faces (fig. 57).

*Relations générales des angles.* — Toutes les faces qui sont parallèles à l'axe vertical (tous les prismes) sont perpendiculaires à la base.


## 2. HÉMIÉDRIE

*a).* *Hémiédrie sphénoïdale.* — A la place de la protopyramide, se présente le sphénoïde tétragonal (ou sphénoèdre à 4 faces) ; 4 faces, (cf. *o*, fig. 60).

A la place des pyramides ditétragonales (dioctaèdres) (qui ont toujours 2 faces là où la protopyramide en a une, cf. fig. 55 et 57), on a une forme répondant au sphénoïde, laquelle a 2 faces là où le sphénoïde en offre une ; c'est ce qu'on appelle le scalénoèdre tétragonal (ou disphénoèdre). Cette hémiédrie se désigne par ϰ dans le système de Miller.

*b).* *Hémiédrie pyramidale.* — A la place des pyramides ditétragonales (dioctaèdres), on a des pyramides tétragonales de 3ᵉ position, placées entre la protopyramide et la deutéropyramide ; de même à la place des prismes ditétragonaux (octogonaux), des prismes tétragonaux (quadratiques) de 3ᵉ position, placés entre le protoprisme et le deutéroprisme (fig. 61, faces *m*).

Cette hémiédrie s'indique per un π dans le système de Miller.

*c). Hémimorphisme.* — Conformation différente aux extré·
mités de l'axe vertical. Miller le note *s*.

REMARQUE. — Il y a encore dans le système tétragonal
d'autres formes d'hémiédrie et de tétartoédrie qu'il n'y a
pas lieu de mentionner ici.

Les relations générales des angles sont les mêmes dans
l'hémiédrie et la tétartoédrie que dans l'holoédrie (voir plus
haut).

*Exemples du système tétragonal.* (Fig. 58-62).

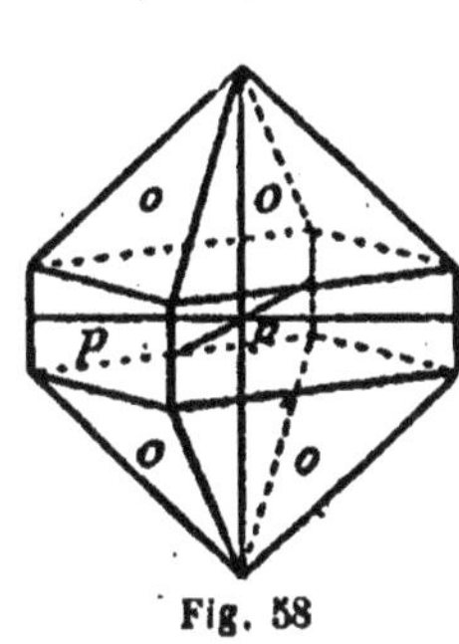
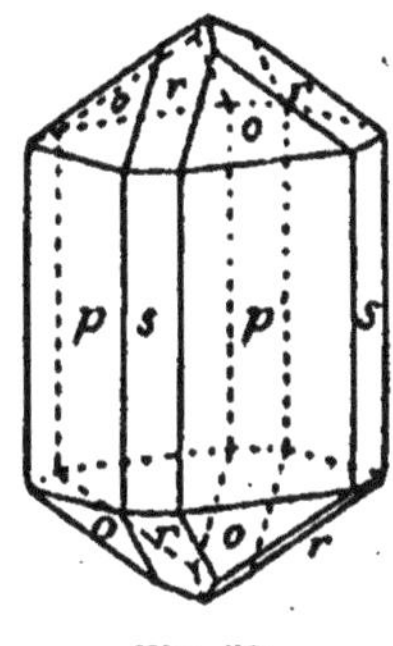

Fig. 58    Fig. 59

Fig. 58.

$$p = a : a : \infty c = \infty P = 110 = m$$
$$o = a : a : c = P = 111 = b^{1/2}$$

Fig. 59. — Cassitérite.

$$p = a : a : \infty c = \infty P = 110 = m$$
$$s = a : \infty a : \infty c = \infty P \infty = 100 = h^1$$
$$o = a : a : c = P = 111 = b^{1/2}$$
$$r = a : \infty a : c = P \infty = 101 = a^1$$

Fig. 60. — Urée. Hémiédrie sphénoïdale.

$$p = a : a : \infty c = \infty P = 110 = m$$
$$c = \infty a : \infty a : c = 0P = 001 = p$$
$$o = \frac{a : a : c}{2} = \frac{P}{2} = \times 111 = b^{1/2}$$

**Fig. 61. — Wulfénite. Hémiédrie pyramidale.**

$$o = a : a : c = P = 111 = b^{1/2}$$

$$m = \frac{a : 4/3\,a : \infty\,c}{2} = \frac{\infty\,P\,4/3}{2} = \pi\,430 = h^1$$

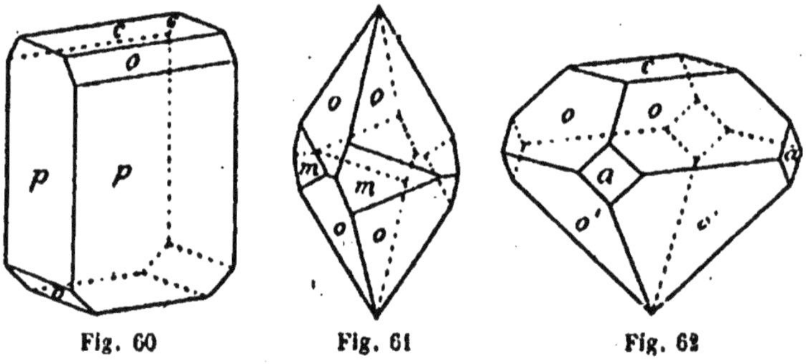

Fig. 60        Fig. 61        Fig. 62

**Fig. 62. — Pentaérythrite. Hémimorphisme.**

$$o = \frac{a : a : c}{2}\,\mathfrak{h} = \frac{P}{2}\,\mathfrak{h} = \iota\,111 = b^{1/2}$$

$$o' = \frac{a : a : c'}{2}\,\mathfrak{b} = \frac{P}{2}\,\mathfrak{b} = \iota\,11\overline{1} = b^{1/2}$$

$$c = \frac{\infty\,a : \infty\,a : c}{2}\,\mathfrak{h} = \frac{0P}{2}\,\mathfrak{h} = \iota\,001 = p$$

$$a = a : \infty\,a : \infty\,c = \infty\,P\,\infty = 100 = h^1.$$

Remarque. — $\mathfrak{h}$ signifie *haut*; $\mathfrak{b}$ *bas*.

## Système hexagonal (¹)

### 1. Holoédrie

7 plans de symétrie géométrique, dont un horizontal (formé par la base), les 6 autres verticaux, se coupant à 30° (fig. 7). Les lignes d'intersection des plans de symétrie donnent la croix des axes. Dans la fig. 63, la feuille de papier constitue le plan de symétrie horizontal (basique) ; les six plans de symétrie verticaux lui sont perpendiculaires et le coupent suivant les lignes $a\,a$ (axes conjugués) et $a_1a_1$ (axes intermédiaires). Vue d'en haut, la ligne d'intersection des six plans de symétrie verticaux (l'axe vertical $c$, ou axe principal), qui est perpendiculaire aux axes $a$ et $a_1$, apparaît comme un point.

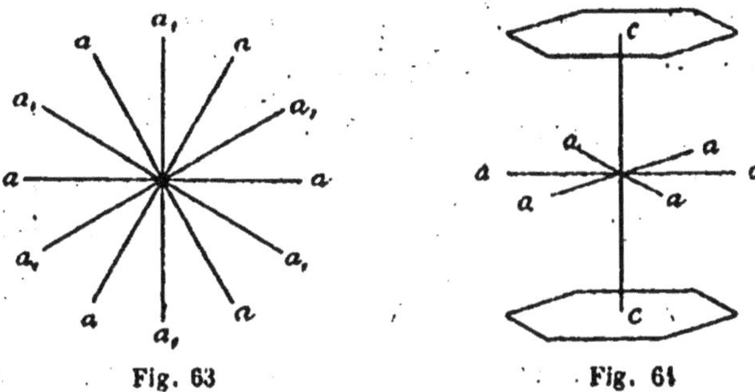

Fig. 63                              Fig. 64

Pour caractériser les formes, il suffit de la croix des axes (fig. 64). Dans cette figure, les axes intermédiaires ont été supprimés.

(1) Ce système est pris ici dans son acception la plus générale, c'est-à-dire en y comprenant le système rhomboédrique comme un cas d'hémiédrie.

L'axe principal $c$, qui est un axe de symétrie sénaire dans le cas du système hexagonal *s. st.*, est un axe ternaire dans les formes rhomboédriques. — Les formes hémiédriques du système rhomboédrique sont tétartoédriques par rapport au système hexagonal *s. lat.*

Les propriétés optiques sont les mêmes.

**Notation des faces.** — La notation de Weiss, d'après les segments directs d'axes interceptés, intéresse 4 axes (3 horizontaux, un vertical) par suite de la disposition de la croix des axes. Cas général : $na : a : \dfrac{n}{n-1}\, a : mc$. Puisque les segments $na$ et $\dfrac{n}{n-1}\, a$ sont liés l'un à l'autre quant à leur grandeur, il suffit d'indiquer $na$.

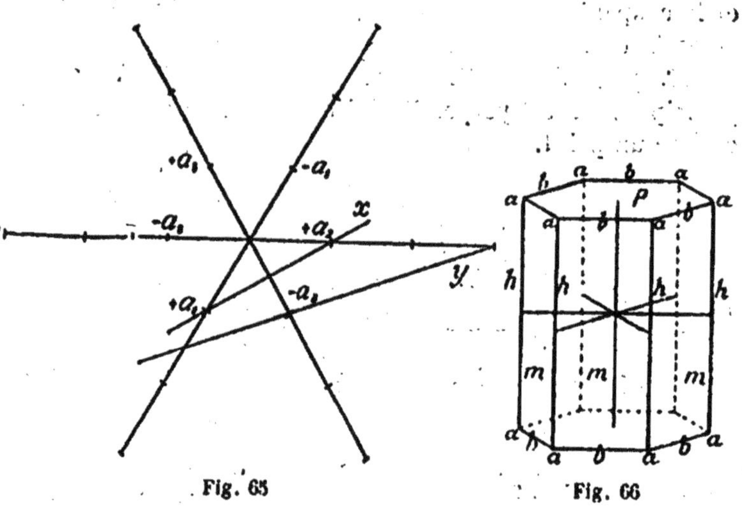

Fig. 65          Fig. 66

La notation de Naumann envisage, outre le segment sur $c$ (par conséquent l'$m$, qu'on doit placer dans la formule devant $P$) les segments interceptés sur deux axes $a$ voisins ; au surplus, elle se fait comme dans les autres systèmes.

Cas général : $mPn$ ; $n$ est au plus égal à 2.

La notation de Miller modifiée par Bravais indique les segments sur les trois axes conjugués et le segment sur l'axe principal ; elle présente donc quatre indices. Chaque axe conjugué possède, à partir du centre, une direction positive et une direction négative, comme l'indique la fig. 65. La série des indices se rapporte à $a_1$, $a_2$, $a_3$ ; dans la figure 65, la face $x = a_1 : a_2, : -\dfrac{a_3}{2}$ offrira donc les indices $1:1:\bar{2}$, auxquels viendra encore s'ajouter l'indice se rapportant à l'axe $c$. Cas général : $t\, u\, \bar{v}\, w$ ; on a toujours $t + u + v = 0$ ; c'est-à-dire qu'une des trois caractéristiques horizontales est égale à la somme des deux autres, prise en signe contraire $(t + u = -v)$. La face $3/2 a_1 : 3a_2 : -a_3 : 3c$ (cf. $y$, fig. 65) sera donc notée $21\bar{3}1$ dans le système de Miller-Bravais.

Dans le système de Lévy, l'axe vertical reste le même. Les trois axes conjugués de Miller sont les axes de symétrie binaire parallèles aux arêtes basiques du prisme primitif de Lévy. Ce prisme est noté comme l'indique la fig. 66.

### Formes

a). *Pinacoïde.* — Base. Faces normales à l'axe vertical, donc parallèles aux axes conjugués.

$$\infty a : \infty a : c = 0P = 0001 = p$$

2 faces. (fig. 64).

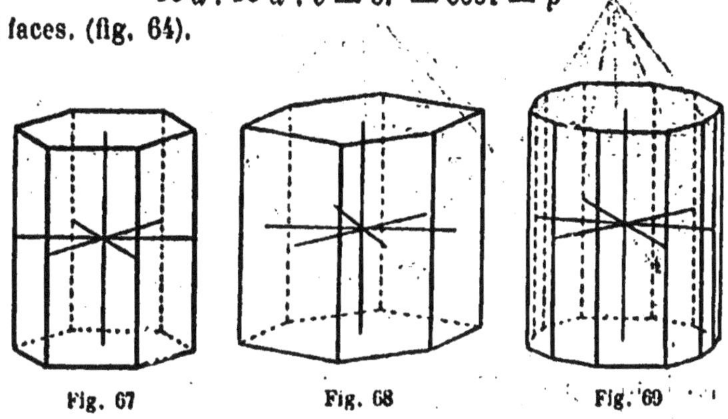

Fig. 67      Fig. 68      Fig. 69

b). *Prismes.* — Faces parallèles à l'axe vertical. Formes ouvertes aux extrémités ; fermées par la base dans les figures 67-69.

α). Protoprisme :

$$a : a : \infty c = \infty P = 10\bar{1}0 = m$$

6 faces. Tourne une face en avant. Les faces adjacentes se coupent à 120° (fig. 67).

β). Deutéroprisme :

$$2a : a : \infty c = \infty P2 = t\,t\,\overline{2}\,t\,0 = h^1$$

6 faces. Tourne une arête en avant. Les faces adjacentes se coupent à 120° (fig. 68).

γ). Prisme dihexagonaux (P. dodécagonaux) :

$$na : a : \infty c = \infty Pn = t\,u\,\overline{v}\,0 = h^{\frac{1}{2}}$$

12 faces. Arêtes avec des angles alternativement égaux (fig. 69).

c). *Pyramides*. -- Faces inclinées sur l'axe vertical.

α). Protopyramides (Isocéloèdres de 1re espèce) :

$$a : a : mc = mP = t\,0\,\overline{t}\,w = b^{\frac{1}{2}}$$

12 faces. Tournent une arête horizontale en avant (fig. 70).

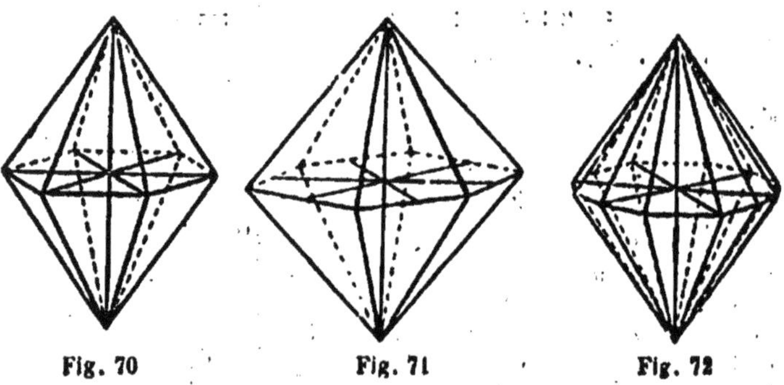

Fig. 70                Fig. 71                Fig. 72

β). Deutéropyramides (Isocéloèdres de 2e espèce) :

$$2a : a : mc = mP2 = t\,t\,\overline{2t}\,w = a^{\frac{1}{2}}$$

12 faces. Tournent un angle en avant (fig. 71).

γ). Pyramides dihexagonales (Didodécaèdres) :

$$na : a : mc = mPn = t\,u\,\overline{v}\,w = b^{\frac{1}{2}}\ b^{\frac{1}{2}}\ h^{\frac{1}{2}}$$

24 faces (fig. 72).

*Relations générales des angles.* — Toutes les faces parallèles à l'axe vertical (tous les prismes) sont perpendiculaires à la base.

## 2. HÉMIÉDRIE

*a). Hémiédrie rhomboédrique.* — A la place des protopyramides, se présentent des rhomboèdres (3 faces en haut, 3 en bas, se rencontrant suivant des arêtes en zig-zag), (fig. 75 et 76). A la place des pyramides dihexagonales (dido décaèdres), apparaissent des scalénoèdres (6 faces en haut, 6 faces en bas, se rencontrant suivant des arêtes en zig-zag) (fig. 77).

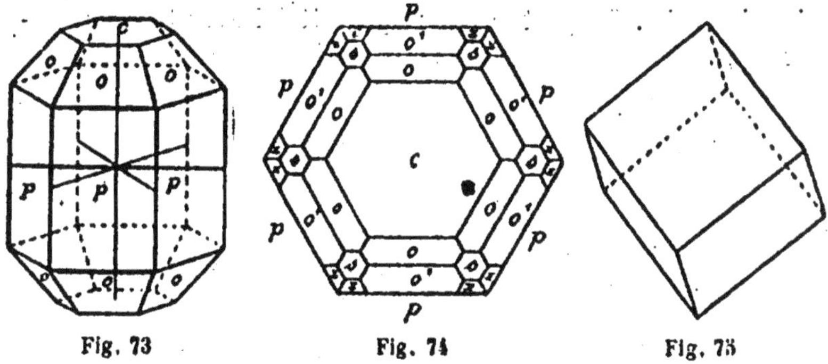


Fig. 73          Fig. 74          Fig. 75

REMARQUES. — 1). Les substances douées d'hémiédrie rhomboédrique ne possèdent aucun plan basique de symétrie, mais seulement trois plans de symétrie verticaux, se coupant à 120°.

2). La notation de Naumann prévoit pour les formes de cette catégorie une notation particulière qu'il n'y a pas lieu de considérer ici. Miller les désigne par l'apposition d'un $\rho$ avant les caractéristiques.

*b). Hémiédrie pyramidale.* — A la place des pyramides dihexagonales (didodécaèdres), apparaissent des pyramides de 3ᵉ position, placées entre les protopyramides et les deu-

3.

téropyramides ; de même, à la place des prismes dihexagonaux (dodécagonaux), des prismes hexagonaux de 3ᵉ position placés entre le protoprisme et le deutéroprisme (cf.
fig. 79, sur laquelle la pyramide $x$ ne se présente pas avec
12 faces en haut et 12 faces en bas, mais avec 6 seulement
à chaque extrémité). Cette hémiédrie est notée $\pi$ par Miller.

c). *Hémimorphisme.* — Conformation différente aux extrémités de l'axe vertical (fig. 80).

Il y a encore dans le système hexagonal d'autres formes
d'hémiédrie et de tétartoédrie. Parmi ces dernières, il n'y a
lieu d'en citer qu'une seule, qui peut être considérée comme
une combinaison de l'hémiédrie rhomboédrique et de l'hémimorphisme. La fig. 81 montre un tel cristal rhomboédrique-
hémimorphe. Le protoprisme apparaît ici avec 3 faces seulement.

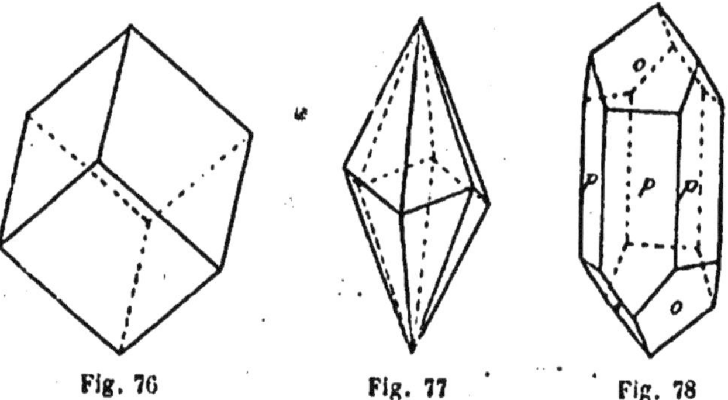

Fig. 76      Fig. 77      Fig. 78

Les relations générales des angles sont les mêmes dans
l'hémiédrie et la tétartoédrie que dans l'holoédrie (voir plus
haut).

*Exemples du système hexagonal* (fig. 73-81).

Fig. 73.

$$p = a : a : \infty c = \infty P = 10\bar{1}0 = m$$
$$o = a : a : c = P = 10\bar{1}1 = b^1$$
$$c = \infty a : \infty a : c = 0P = 0001 = p.$$

Fig. 74. — Béryl (vu d'en haut).

$$p = a : a : \infty c = \infty P = 10\bar{1}0 = m$$
$$c = \infty a : \infty a : c = 0P = 0001 = p$$
$$o = a : a : c = P = 10\bar{1}1 = b'$$

$$o' = a : a : 2c = 2P = 20\bar{2}1 = b'^{/_3}$$
$$s = 2a : a : 2c = 2P2 = 11\bar{2}1 = a'$$
$$x = 3/2a : a : 3c = 3P3/2 = 21\bar{3}1 = a_,.$$

Fig. 75. — Rhomboèdre $\dfrac{a : a : c}{2} = \dfrac{P}{2} = \rho\, 10\bar{1}1 = p.$

(Rhomboèdre en position positive ; présente une face en avant à la partie supérieure ; rhomboèdre primitif $p$).

Fig. 76. — Rhomboèdre $-\dfrac{a : a : c}{2} = -\dfrac{P}{2} = \rho\, 01\bar{1}1 = e'^{/_3}$

(Rhomboèdre en position négative ; présente une arête en avant à la partie supérieure ; rhomboèdre inverse $e'^{/_3}$).

Fig. 77. — Scalénoèdre

$$\frac{na : a : mc}{2} = \frac{mPn}{2} = \rho\, l\, u\, \bar{v}\, w = b^{\frac{1}{y}}\; b^{\frac{1}{z}}\; h^{\frac{1}{z}}.$$

(Scalénoèdre en position positive ; tourne dans la partie supérieure l'arête polaire obtuse en avant ; les scalénoèdres négatifs tournent dans la partie supérieure l'arête aiguë en avant).

Fig. 78. — Tellure. Hémiédrie rhomboédrique.

$$p = a : a : \infty c = \infty P = 10\bar{1}0 = m$$
$$o = \frac{a : a : c}{2} = \frac{P}{2} = \rho\, 10\bar{1}1 = b'.$$

Fig. 79. — Apatite. Hémiédrie pyramidale.

$$p = a : a : \infty c = \infty P = 10\bar{1}0 = m$$
$$c = \infty a : \infty a : c = 0P = 0001 = p$$
$$o = a : a : c = P = 10\bar{1}1 = b'$$
$$s = 2a : a : 2c = 2P2 = 112\bar{1} = a'$$

$$x = \frac{3/2a : a : 3c}{2} = \frac{3P3/2}{2} = \pi\, 21\bar{3}1 = a_,$$

Fig. 80. — Oxyde de zinc. Hémimorphisme et hémiédrie.

$$p = a : a : \infty\, c = \infty\, P = 10\bar{1}0 = m$$

$$o = \frac{a : a : c}{2}\, \hbar = \frac{P}{2}\, \hbar = \iota 10\bar{1}1 = b^{\iota}$$

$$c^{\prime} = \frac{\infty\, a : \infty\, a : c^{\prime}}{2}\, b = \frac{OP}{2}\, b = \iota 000\bar{1} = p$$

$$c = \frac{\infty\, a : \infty\, a : c}{2}\, \hbar = \frac{OP}{2}\, \hbar = \iota 0001 = p.$$

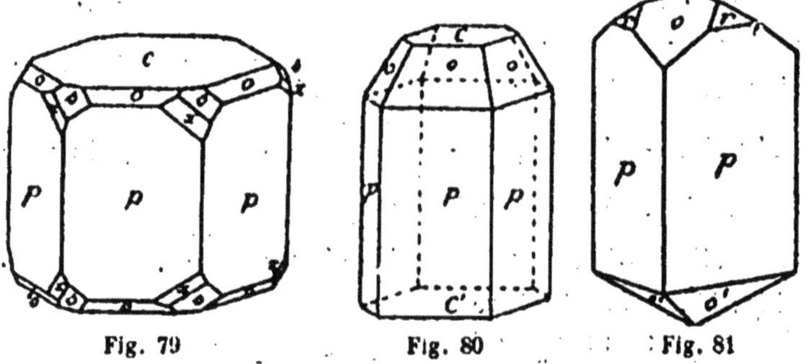



Fig. 79          Fig. 80          Fig. 81

Fig. 81. — Tourmaline. Tétartoédrie par combinaison de l'hémiédrie rhomboédrique et de l'hémimorphisme.

$$p = \frac{a : a : \infty\, c}{2} = \frac{\infty\, P}{2} = \rho\, \iota 10\bar{1}0 = m$$

$$o = \frac{a : a : c}{2}\, \hbar = \frac{P}{2}\, \hbar = \rho\, \iota 10\bar{1}1 = b^{\iota}$$

$$o^{\iota} = \frac{a : a : c^{\prime}}{2}\, b = \frac{P}{2}\, b = \rho\, \iota 01\bar{1}1 = b^{\iota}$$

$$r = -\frac{a : a : 2c}{2}\, \hbar = -\frac{2P}{2}\, \hbar = \rho\, \iota 20\bar{2}1 = b^{\iota/\iota}.$$



REMABQUE. — $\hbar$ signifie *haut*, $b$ *bas*.

## Système régulier ou cubique

### 1. Holoédrie

9 plans de symétrie géométrique, dont 3 perpendiculaires les uns aux autres (donnant la croix des axes (fig. 82), par leurs trois lignes d'intersection normales entre elles) et 6 autres plans de symétrie (3 × 2). Les 2 plans de chaque groupe passent par l'un des 3 axes et forment un angle de 45° avec les autres axes.

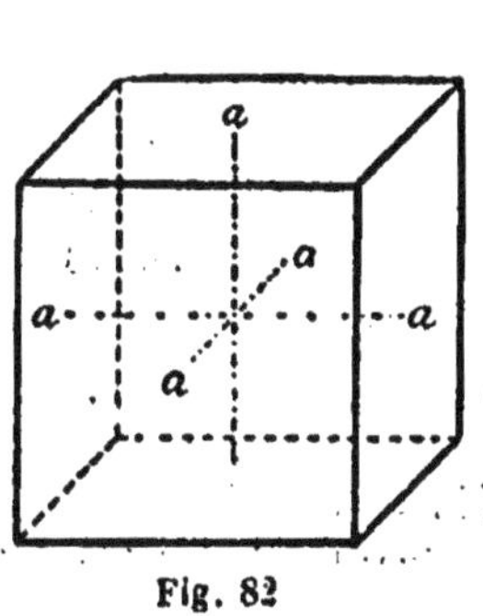

Fig. 82

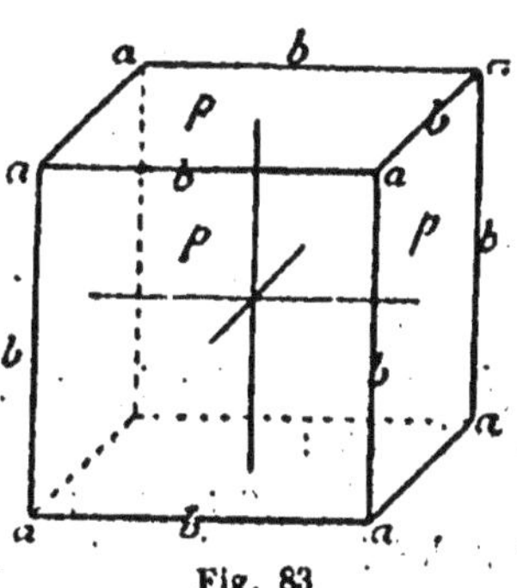

Fig. 83

**Notation des faces.** — Comme dans les autres systèmes. Les axes de Miller sont parallèles aux arêtes du cube; par conséquent, les caractéristiques de Miller sont simplement les inverses de celles de Lévy (fig. 83). Dans le système de Naumann, on met $O$ à la place de $P$.

### Formes

a). *Faces parallèles à deux axes.*

α). Cube ou hexaèdre :
$$a : \infty\, a : \infty\, a = \infty\, O\, \infty = 100 = p$$
6 faces adjacentes, perpendiculaires entre elles (fig. 82).

b). *Faces parallèles à un axe.*

α). Dodécaèdre rhomboïdal :
$$a : a : \infty\, a = \infty\, O = 110 = b'$$
12 faces ; les faces adjacentes, se joignant suivant les arêtes, sont inclinées de 120° les unes par rapport aux autres (fig. 84).

β). Cube pyramidé, tétrakishexaèdre ou hexatétraèdre :

$$a : na : \infty\, a = \infty\, O\, n = u\, v\, 0 = b^n \text{ ou } b^{\overset{u}{\overline{v}}}$$

24 faces (fig. 85).

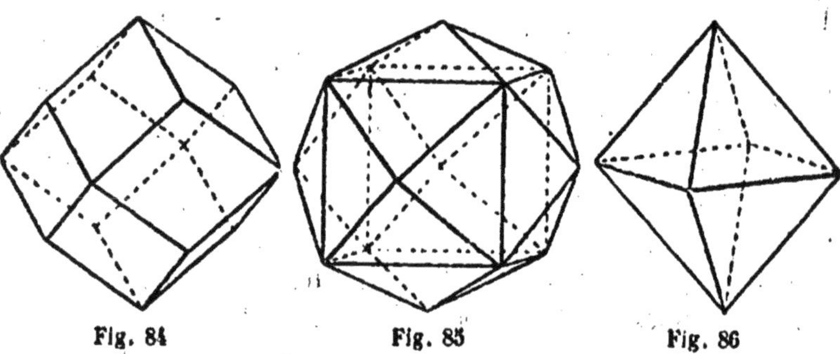

Fig. 84        Fig. 85        Fig. 86

c). *Faces parallèles à aucun axe.*
α). Octaèdre :

$$a : a : a : = O = 111 = a^1$$

8 faces, les faces adjacentes se rencontrant suivant les arêtes sont inclinées de 109° 28' $^1/_2$ les unes par rapport aux autres (fig. 86).

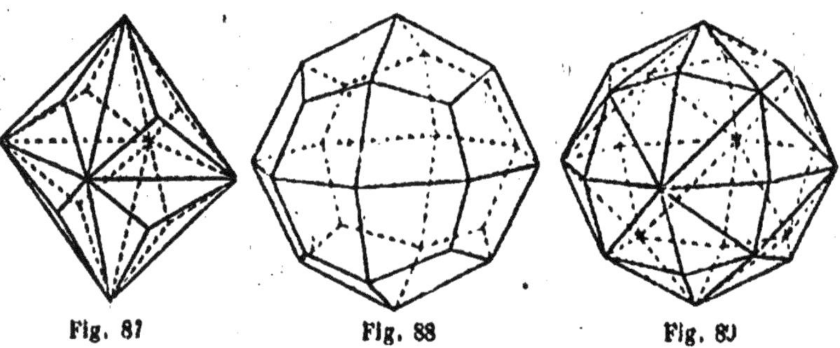

Fig. 87        Fig. 88        Fig. 89

β). Octaèdre pyramidé, triakisoctaèdre ou trioctaèdre :

$$a : a : ma = m\, O = u\, u\, v = a^{\overset{i}{\overline{m}}} \text{ ou } a^{\overset{u}{\overline{v}}}$$

24 faces (fig. 87).

γ). Icositétraèdre ou trapézoèdre :

$$a : ma : ma = m\,O\,m = u\,v\,v = a^m \text{ ou } a^{\frac{u}{v}}$$

24 faces (fig. 88).

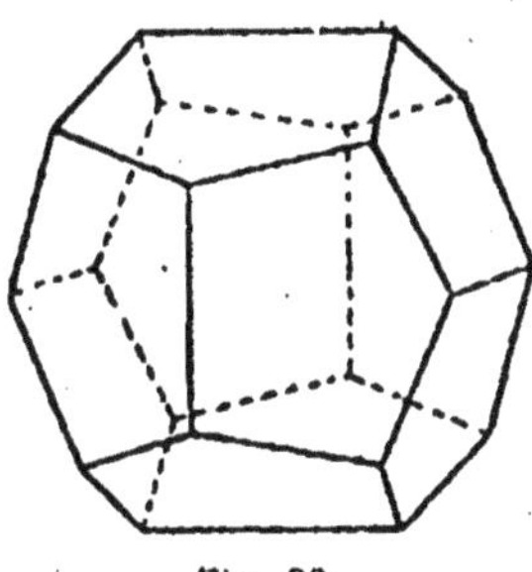

Fig. 90

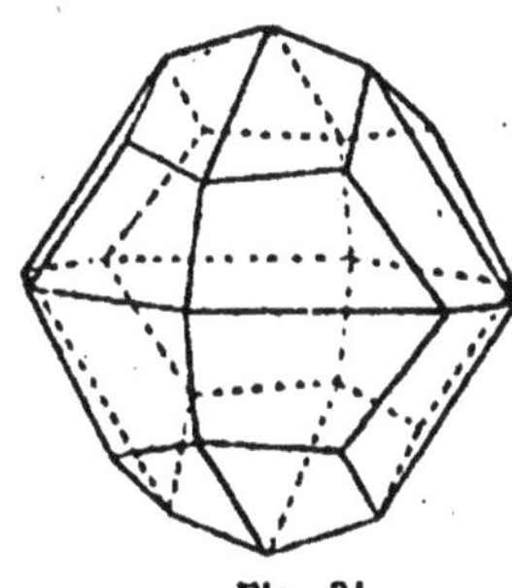

Fig. 91

δ). Hexakisoctaèdre ou hexoctaèdre :

$$a : na : ma = m\,O\,n = u\,v\,w = b^{\frac{i}{x}}\ b^{\frac{i}{y}}\ b^{\bar{w}}$$

48 faces (fig. 89).

## 2). HÉMIÉDRIE

Les formes hémièdres les plus importantes seront seules mentionnées ici.

a.) *Hémiédrie pentagonale.* — A la place des cubes pyramidés, apparaissent des dodécaèdres pentagonaux (fig. 90),

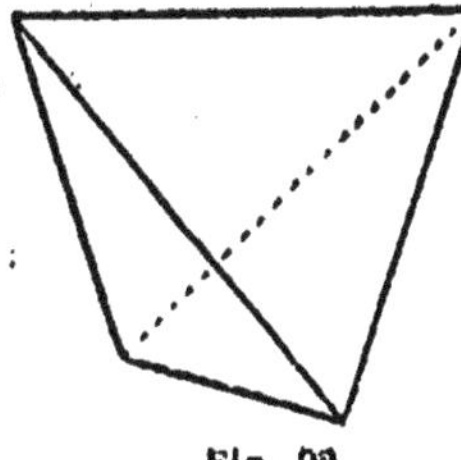

Fig. 92

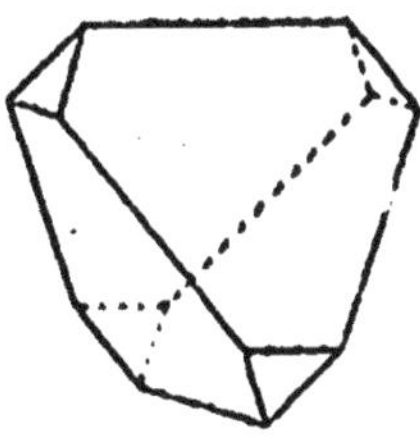

Fig. 93

12 faces ; à la place des hexoctaèdres, des dyakisdodécaèdres (diploèdres ou dodécadièdres) (fig. 91). 24 faces.

Dans la notation de Miller, on indique cette hémiédrie par un π.

*b). Hémiédrie tétraédrique.* — A la place de l'octaèdre se trouvent des tétraèdres, 4 faces (fig. 92). Angle des arêtes : 70° 31' 1/2. Deux tétraèdres se complétent géométriquement pour donner un octaèdre ; on peut les considérer comme les demi-formes de ce dernier (fig. 93). De même que par sup.

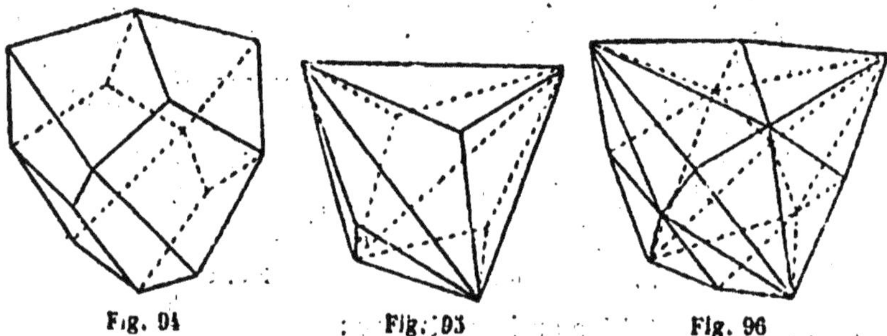

Fig. 94          Fig. 95          Fig. 96

pression dans chaque octant de la moitié des faces de l'octaèdre on obtient un tétraèdre, ainsi par une suppression semblable des faces dans les octants alternants, on dérive de chaque triakisoctaèdre (octaèdre pyramidé ou trioctaèdre) un dodécaèdre deltoïdal (hemitrioctaèdre ou dodécaèdre tra-

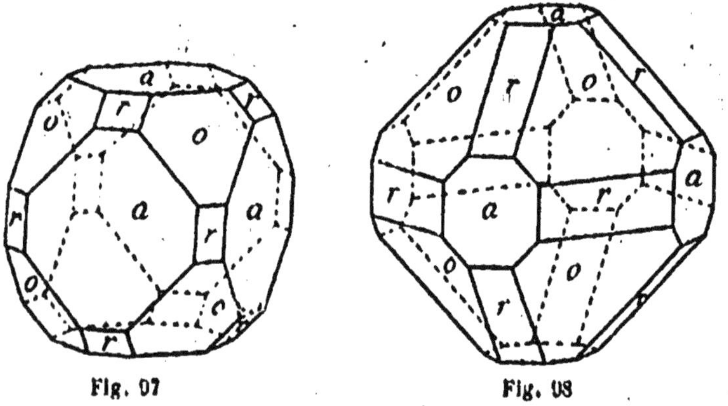

Fig. 97          Fig. 98

pézoïdal) (fig. 94), d'un icositétraèdre (trapézoèdre) un tri-gondodécaèdre (tétradièdre, tritétraèdre ou hémicositétraèdre) (fig. 95) et d'un hexakisoctaèdre (hexoctaèdre) un hexa-

kistétraèdre (hexatétraèdre) (fig. 96), formes qui, expérimen-
talement, se produisent rarement isolées. Comme d'après cela
une face (dans le tétraèdre) ou un groupe de faces (dans les
autres formes, fig. 94-96) peuvent se trouver dans les octants
supérieurs en avant à droite ou en avant à gauche, on distingue des formes + et —. Les fig. 92, 94, 95, 96 représentent
donc manifestement des formes positives ; la fig. 93 une
forme positive et une forme négative réunies.

*Exemples du système régulier* (fig. 97-100)

Fig. 97. Galène.
$$a = a : \infty a : \infty a = \infty 0 \infty = 100 = p$$
$$o = a : a : a = 0 = 111 = a^1$$
$$r = a : a : \infty a = \infty 0 = 110 = b^1$$

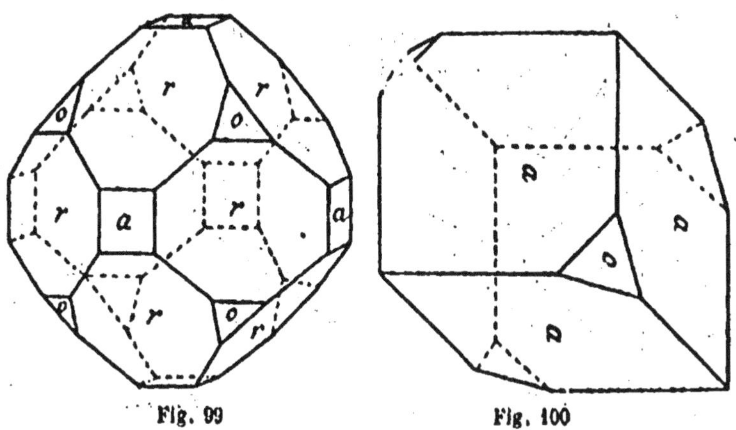

Fig. 99

Fig. 100

Fig. 98. — Galène.
$$o = a : a : a = 0 = 111 = a^1$$
$$a = a : \infty a : \infty a = \infty 0 \infty = 100 = p$$
$$r = a : a : \infty a = \infty 0 = 110 = b^1$$

Fig. 99. — Boracite.
$$r = a : a : \infty a = \infty 0 = 110 = b^1$$
$$a = a : \infty a : \infty a = \infty 0 \infty = 100 = p$$
$$o = a : a : a = 0 = 111 = a^1.$$

Fig. 100. — Boracite.

$$a = a : \infty\, a : \infty\, a = \infty\, 0 \infty = 100 = p$$

$$o = \frac{a : a : a}{2} = \frac{0}{2} = \times 111 = a'.$$

## Compléments

1). **Mâcles.** — Les mâcles sont constituées par des cristaux régulièrement unis, mais non parallèles entre eux.

*Exemples.* — La fig. 101 représente deux cristaux tricliniques qui se sont accrus régulièrement suivant le brachypinacoïde. Le plan commun, qui est un plan de symétrie pour la mâcle, s'appelle plan de mâcle.

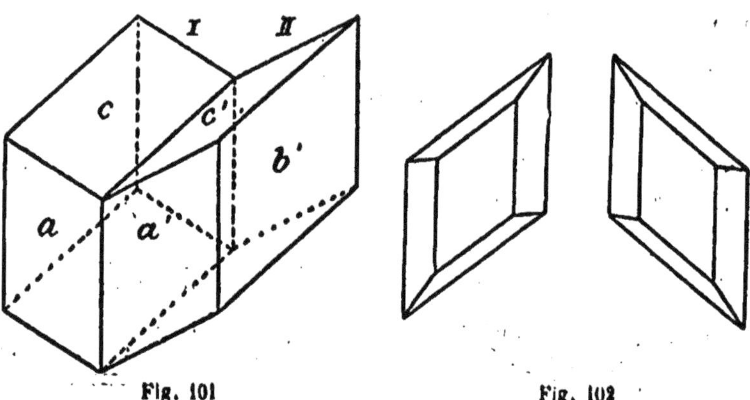


Fig. 101       Fig. 102

Par une rotation de 180° autour d'une ligne (axe de mâcle) normale au plan de mâcle, l'individu II vient en même position que I. Il en est de même dans la fig. 102, dans laquelle deux individus monocliniques (vus par le clinopinacoïde) sont disposés symétriquement suivant la loi de mâcle pour expliquer la mâcle représentée fig. 103. Le plan de mâcle est ici l'orthopinacoïde.

Le plus souvent, le plan de mâcle et le plan d'accroissement ne coïncident pas ; l'explication est alors plus difficile.

Diverses substances montrent des mâcles multiples et se composent en réalité de fines lamelles mâclées (mâcles polysynthétiques). La pression peut parfois faire naître cette disposition en lamelles mâclées.

**2). Développement normal des cristaux et malformations.** — Quand toutes les faces homologues d'un cristal (par exemple toutes les faces d'une pyramide hexagonale, d'un prisme hexagonal, etc.) sont également grandes, le cristal est régulièrement constitué (fig. 104).

Souvent tel n'est pas le cas ; ainsi la fig. 103 représente une malformation des mêmes faces *o* et *p*. La considération des angles permet néanmoins de reconnaître la symétrie.

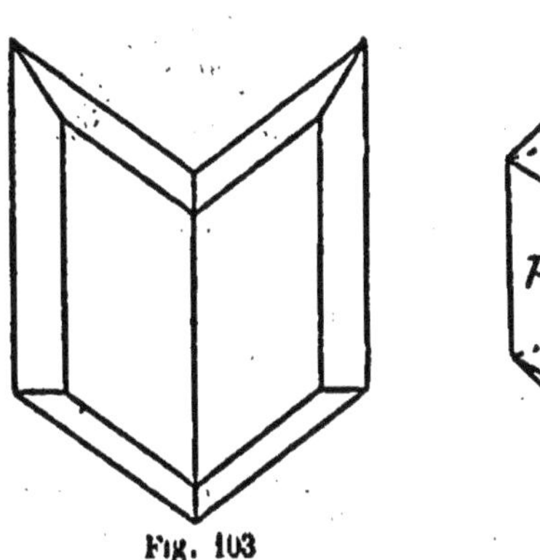
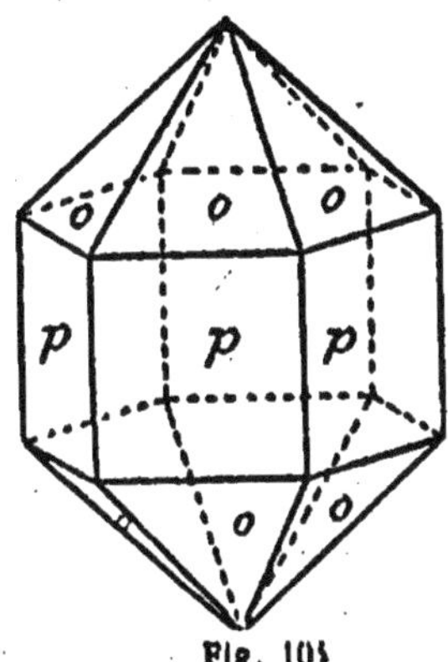


Fig. 103                              Fig. 104

**3). Squelettes de cristaux.** — Il se produit parfois (et particulièrement par cristallisation rapide) des cristaux constitués par des particules disposées parallèlement, mais laissant des vides entre elles. On ne doit pas confondre de tels squelettes (par exemple ceux de la neige, fig. 106) avec des mâcles, dans lesquelles les parties ne sont pas parallèles. La distinction est facile à faire dans beaucoup de cas par une étude optique.

**4). Clivage.** — A l'aide d'un couteau, on peut diviser, cliver, beaucoup de cristaux suivant des plans cristallographiques déterminés, caractéristiques de la substance considérée. De même que les faces cristallines naturelles, les faces de clivage sont soumises, pour ce qui est de leur position et de leur réunion en un corps clivable, aux lois de symétrie du système auquel le corps appartient.

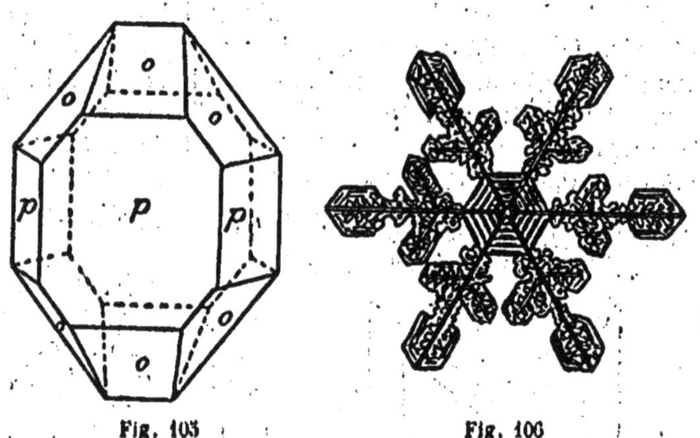

Fig. 105                                Fig. 106

La facilité du clivage varie avec les substances. On reconnaît la propriété du clivage par l'essai ; parfois des fissures ou une irisation sur certaines faces indiquent déjà cette fissilité. On peut découvrir des clivages cachés par un essai sur les coins. Si on place, par exemple, l'ongle ou une épingle sur les faces d'un cube de sel gemme (cube produit par clivage) et si on frappe un léger coup, on voit apparaître dans le bloc de sel des fissures dirigées suivant les diagonales des faces du cube.

5). **Figures de corrosion.** — Les figures de corrosion permettent de reconnaître la symétrie des cristaux ; elles se produisent souvent par dissolution sur les cristaux, mais ont généralement des dimensions microscopiques. Le plus souvent, il suffit, pour faire naître les figures de corrosion, de l'action d'un dissolvant pendant un temps très court, parfois quelques secondes.

Les figures de corrosion indiquent la symétrie géométrique du cristal par leur propre symétrie et par leur position mutuelle sur les faces cristallines. Ainsi la fig. 107 montre que

le cristal possède les trois plans de symétrie du système rhombique. On peut aussi, à l'aide des figures de corrosion, reconnaître les formes hémiédriques et tétartoédriques, qui, toutes, sont moins symétriques géo-

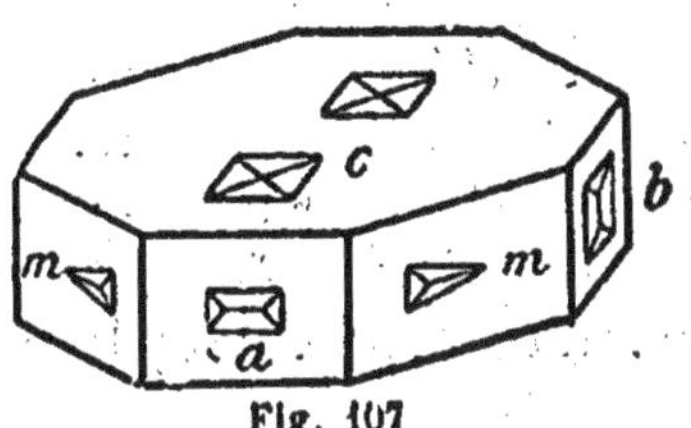

Fig. 107

métriquement que les formes holoédriques du même système cristallin. C'est pourquoi les données sur la forme et la position des figures de corrosion, très faciles à observer, sont très utiles pour la description des corps cristallisés.

6). **Pyroélectricité.** — Une méthode commode pour reconnaître la symétrie dans le cas de cristaux non conducteurs de l'électricité, consiste à chauffer modérément ceux-ci (environ 60-100°) et à les saupoudrer pendant le refroidissement

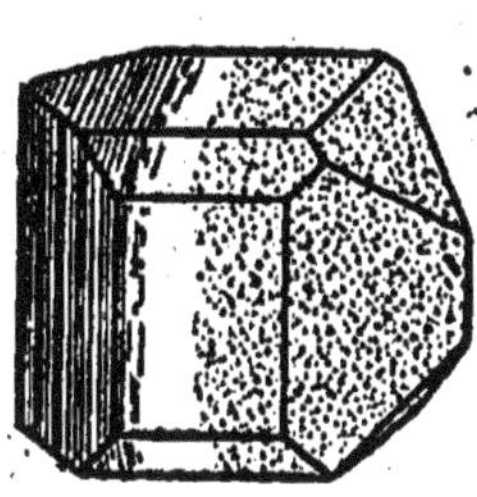

Fig. 108

avec un mélange de soufre et de minium, que l'on souffle à travers un filet à mailles étroites au moyen d'une poire en caoutchouc munie d'une pointe. Le soufre électro-négatif se fixe alors sur la partie électro-positive, le minium électro-positif sur la partie électro-négative du cristal. La répartition de la couche jaune et rouge ainsi produite accuse très nettement la symétrie du cristal. En particulier, avec les cristaux hémimorphes, le contraste entre les extrémités de l'axe d'hémimorphisme se manifeste très bien par ce fait que l'une des extrémités du cristal apparaît jaune, l'autre rouge (fig. 108).

# CHAPITRE III

## Le Microscope cristallographique et ses accessoires.

Toutes les recherches cristallographiques et optiques dont
il est question dans cet ouvrage peuvent être effectuées à
l'aide du Microscope. La fig. 109 permet de prendre un rapide aperçu de cet appareil.

Eclairage. — On emploie la lumière du jour ou celle d'une
lampe, ou plus souvent encore une lumière monochromatique
(d'une seule couleur). On obtient une flamme jaune continue
à l'aide du sulfate de sodium que l'on fond dans une spirale
de platine et que l'on plonge dans la flamme incolore d'un
brûleur de Bunsen au moyen d'un fil de platine disposé normalement à la direction d'allongement de la spirale. Une
flamme très large est préférable. Le sulfate de lithium donne
une flamme rouge; le sulfate de thallium sert à produire une
flamme verte, qui est quelquefois utilisée. On peut aussi obtenir, au moins approximativement, une lumière monochromatique au moyen de certains verres colorés; le plus simple
est de les placer sur l'oculaire du microscope. Le spectros-
cope permet très facilement de reconnaître quelle sorte de
lumière laissent passer les verres employés.

Miroir. — Il est commode d'adapter au microscope un miroir à deux faces (plan-concave). Quand on emploie le côté
concave la lumière est concentrée sur la préparation.

Platine porte-objet. — La platine porte-objet doit pouvoir
tourner dans son plan et être pourvue d'une graduation,

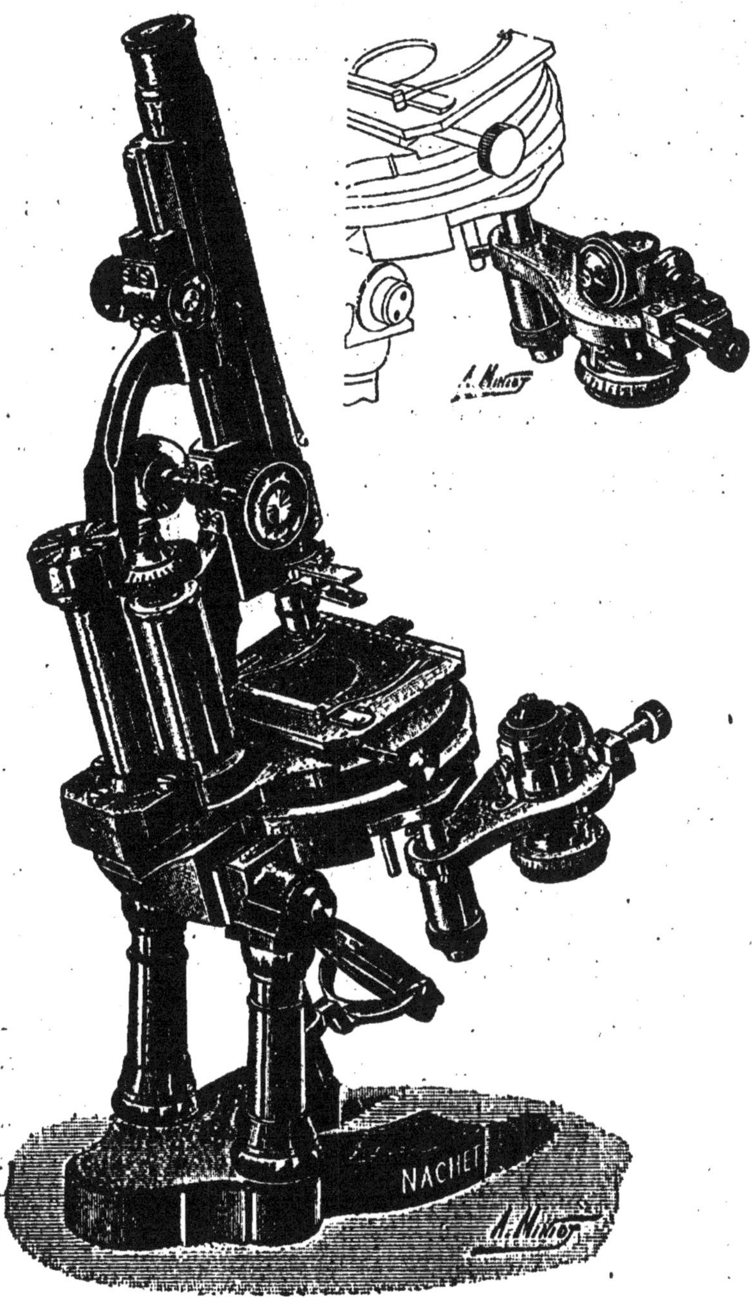


Fig. 109a et 109b

laquelle glisse devant un repère fixe pendant la rotation, ce qui permet de lire la position de la platine.

**Objectif.** — En général il suffit d'un faible grossissement. On peut recommander les objectifs 2, 4, 7 de Hartnack ou leurs équivalents construits par d'autres maisons, par exemple ceux de Nachet. L'axe de l'objectif doit marquer le centre de la platine porte-objet, afin que, par rotation de celle-ci, les objets situés au centre du champ de vision ne se déplacent pas et à plus forte raison ne disparaissent pas du champ. Dans les meilleurs instruments, il existe sur l'objectif deux vis de centrage agissant à angle droit.

**Oculaire.** — Dans l'oculaire est tendu un réticule, qui doit être vu sans peine en même temps que l'image de l'objet. Afin de voir nettement les fils du réticule, on rend la lentille supérieure de l'oculaire susceptible de glisser.

Les Micromètres-oculaires contiennent une graduation au moyen de laquelle on peut mesurer des longueurs sous le microscope.

Les appareils nécessaires pour l'emploi de la lumière polarisée seront décrits plus loin.

**Porte-objets.** — On place les objets sur un support de verre posé sur la platine du microscope. Ces porte-objets sont établis en fabrique et se vendent bon marché. Un format convenable est celui de 45 × 26 mm. On observe souvent des cristaux dans leur eau-mère. Pour que celle-ci ne s'évapore pas tout de suite sur le porte-objet, on place sur la préparation et le liquide une petite lamelle de verre très mince, appelée couvre-objet.

Il est facile de fixer le porte-objet à la platine au moyen de pinces. Celles-ci se composent, comme le montre la fig. 109, de lamelles élastiques de métal qui s'adaptent à l'instrument grâce à un petit prolongement logé dans un trou de la platine.

**Appareils à rotation.** — Il est souvent utile d'observer des cristaux sous le microscope dans différentes directions. Dans ce but, on les fait tourner à l'aide de dispositifs simples. On peut fixer les gros cristaux à une allumette au moyen d'un peu de cire. On dispose le petit bois horizontalement au moyen d'un léger tas de cire placé au bord d'un porte-objet, de manière qu'on puisse faire tourner l'allumette autour de son axe. Pour les cristaux plus petits, on peut utiliser une demi-sphère en verre. Le petit cristal est placé au centre de la face plane. La demi-sphère repose par son côté arrondi dans le trou de la platine et peut ainsi être mise en mouvement assez commodément.

**Appareil à immersion.** — Les corps transparents riches en facettes (par exemple les pierres précieuses taillées), lorsqu'ils sont examinés dans l'air, présentent souvent, comme on le sait, des reflets intérieurs qui empêchent de bien voir au travers. Cela résulte du grand écart entre la réfrangibilité de l'air et celle du corps considéré; par suite, beaucoup de rayons lumineux ne peuvent pas sortir dans l'air à travers les faces internes et souvent même sont complètement réfléchis. Ce phénomène empêche dans une mesure plus ou moins complète l'étude des cristaux en lumière transmise. Mais ces réflexions totales internes sur les faces disparaissent naturellement quand on plonge les cristaux dans un médium dont la réfrangibilité coïncide avec celle des cristaux. Il suffit même souvent que les indices de réfraction soient peu différents, pour qu'on puisse voir dans toutes les directions à travers les corps solides.

Pour réunir l'immersion et la rotation, on emploie des appareils de rotation qui se composent d'un vase en verre à travers les parois duquel passe un axe de rotation. A l'extrémité de celui-ci, on cimente le cristal qui plonge dans le liquide placé dans le vase. Il est encore plus commode d'engager le support dans une boîte de métal ou dans une petite tablette au moyen de laquelle on fixe l'appareil à la platine. La fig. 110 représente un appareil à rotation très commode.

4

Quelquefois on taille sur les cristaux des facettes artificielles (facette et facette parallèle opposée), afin de voir au

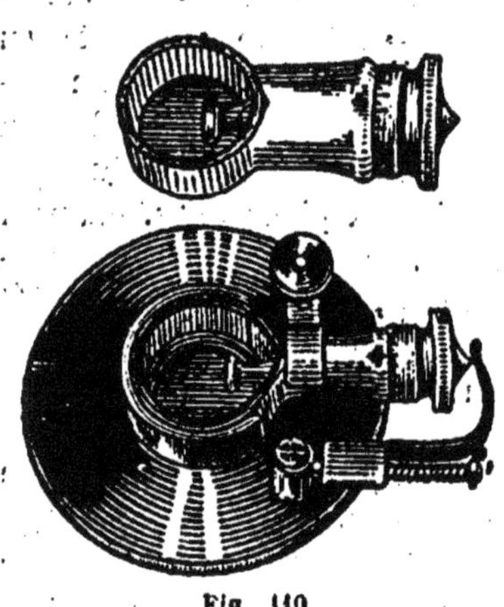

Fig. 110

travers de la facette dans la direction de la verticale. Comme les produits des laboratoires de chimie sont généralement des substances peu dures, on n'a le plus souvent aucune peine pour les couper avec un couteau ou pour ébaucher avec une lime les facettes que l'on aplanit ensuite et polit en les frottant sur une lame de verre humide. Pour les substances plus dures, on emploie l'émeri comme matière à facetter et à polir. Une bonne substance pour polir est la potée d'étain, que l'on emploie sur un cuir à l'état humide. On évite le plus souvent la peine de tailler des faces par l'emploi de la méthode d'immersion.

**Microscope à élévation de température.** — Beaucoup d'excellents résultats cristallographiques sont obtenus par l'observation des cristaux sous le microscope grâce à une élévation progressive de température. Il se manifeste alors parfois dans les propriétés optiques des changements caractéristiques qui résultent en partie de la variation de température seule, en partie des transformations chimiques progressives causées par la chaleur. Grâce aux phénomènes optiques qui se produisent par une élévation de température, on peut ainsi parfois constater sous le microscope l'existence de divers états physiques de la même substance chimique, qui dépendent de la température.

Sans entrer dans plus de détails sur ces phénomènes, il suffit de décrire un appareil de chauffage qui peut s'adapter à tout microscope (Fig. 111). *P* et *V*, plaque et vis fixant l'appareil sur la platine, *A* foyer avec fenêtres de verre en haut et en bas, *C* cheminée, *g* arrivée du gaz, *f* flamme pouvant glisser en *A*, *b* cavité cylindrique recevant le corps, *t* thermomètre.

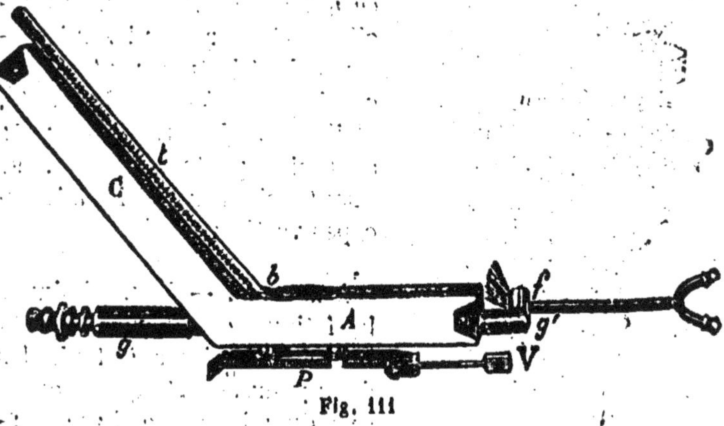



Fig. 111

On peut déjà faire beaucoup d'observations en chauffant la substance par intermittence sur le porte-objet et l'examinant sous le microscope. Pour éviter l'éclatement du porte-objet, on place sur la platine un support d'amiante percé d'un trou.

**Objets opaques.** — L'observation peut très bien se faire sous le microscope avec un faible grossissement. Pour les forts grossissements, on peut concentrer la lumière sur l'objet au moyen de lentilles condensatrices. On peut aussi employer ce qu'on appelle l'illuminateur vertical (Eclairage à prisme) (Fig. 112). C'est un objectif dans lequel un prisme à réflexion totale *P* est intercalé jusqu'à l'axe de l'instrument, laissant libre par conséquent une moitié des lentilles. Le prisme peut, d'ailleurs, être légèrement incliné ou déplacé au moyen de deux boutons *B*, *C*, ce qui permet de régler l'éclairage. Le prisme reçoit la lumière par une ouverture *V* pratiquée dans la monture de l'objectif et la renvoie vers le bas à travers l'objectif qui fait fonction de condensateur ; la préparation réfléchit ensuite les rayons vers le haut.

**Photographie.** — Dans le but de photographier des objets microscopiques, on peut associer immédiatement le micros-cope non modifié à une chambre photographique ordinaire, ce qui est particulièrement fa-cile à réaliser avec les micros-copes dont le tube peut se pla-cer horizontalement. Il existe, d'ailleurs, des raccords pour appareils photographiques, se fixant facilement sur les micros-copes verticaux.

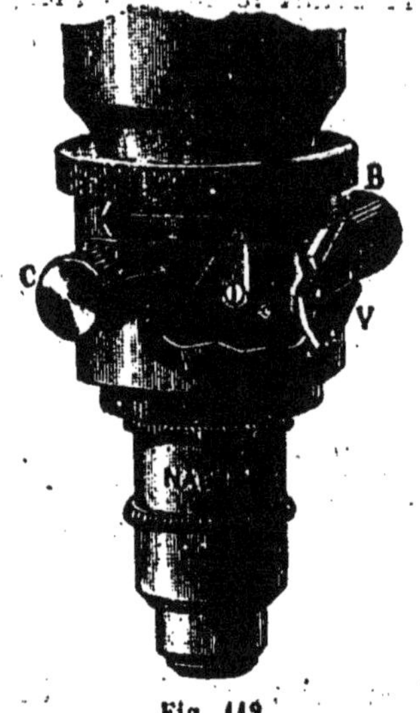

Fig. 112.

*Remarque.* — Pour diminuer la fatigue de la vue, il est bon de s'habituer à tenir les deux yeux ouverts quand on se sert du microscope. Les obser-vations sont très faciles avec un microscope dont le tube peut s'incliner, comme celui de la fig. 109. L'observateur, qui est assis devant son microscope, n'est pas forcé de regarder verticalement de haut en bas, il peut regarder obliquement en avant, dans la position naturelle des yeux.

# CHAPITRE IV

## Mesure des angles

Comme complément aux indications sur les propriétés géométriques des cristaux, il y a lieu de faire observer que le microscope peut servir à la mesure des angles des cristaux.

### 1. — Mesure des angles plans (angles d'une face)

Les angles d'une face peuvent être déterminés sous le microscope avec assez d'exactitude (jusqu'à 1/2', suivant la nature des arêtes) au moyen d'un dispositif simple. On utilise le réticule placé dans l'oculaire. Soit à mesurer l'angle α (fig. 113). On place à la main le sommet de l'angle au point de croisement des fils du réticule, on amène un des côtés de l'angle parallèlement à un des fils du réticule, en faisant tourner la platine du microscope, et on lit la position de celle-ci. Ensuite, on tourne jusqu'à ce que l'autre côté de l'angle vienne occuper cette même position, on fait la lecture et la différence des lectures donne la grandeur de l'angle cherché.

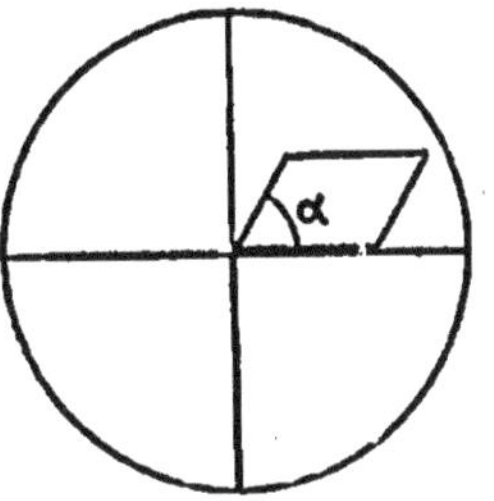

Fig. 113

4.

## 2. — Mesure de l'angle de deux faces

*a). Sous le microscope.* — On place verticalement sur la platine du microscope l'arête commune aux deux faces, dont on veut trouver l'inclinaison mutuelle, de sorte que les faces apparaissent comme des lignes quand on les considère d'en haut. On utilise tout simplement pour cela un petit bout de bois (allumette) muni de cire ; celui-ci est fixé sur un porte-objet par un petit tas de cire de façon à pouvoir tourner. On peut aussi employer un petit appareil à rotation (fig. 110) qui sert également aux études d'optique.

On peut maintenant mesurer l'angle des deux faces de la

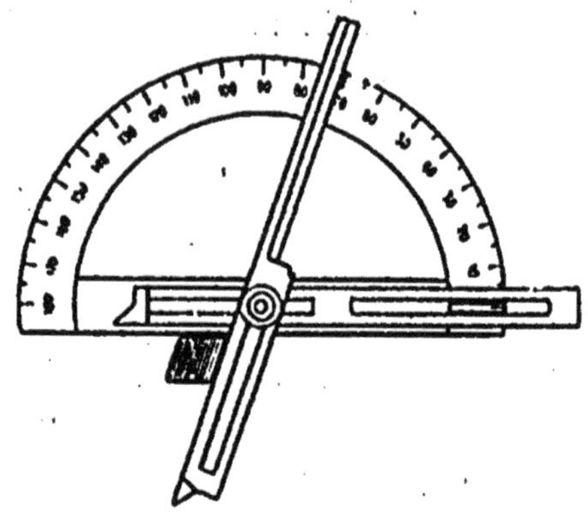

Fig. 111

même façon que l'angle plan dans le cas précédent. Il est bon de recommencer plusieurs fois pour éliminer les erreurs autant que possible. (Enlever le cristal et le replacer).

*b). Avec le goniomètre d'application.* — Celui-ci se compose d'un demi-cercle divisé, d'une branche fixe et d'une branche pouvant tourner (fig. 114). On place les deux faces, dont on veut mesurer l'inclinaison, exactement entre les branches et on lit l'angle sur la partie graduée.

Pour les petits cristaux, il est recommandé de faire descendre les branches et de les diminuer selon la grosseur du cristal en les faisant glisser l'une sur l'autre. On dispose les branches ainsi réduites sur les faces considérées (pour cela il est préférable de regarder vers la lumière pour vérifier le contact exact des règles et des faces) et on fait la lecture après une rigoureuse application des branches sur le demi-cercle gradué. Sur la fig. 114, la graduation du demi cercle est seulement indiquée.

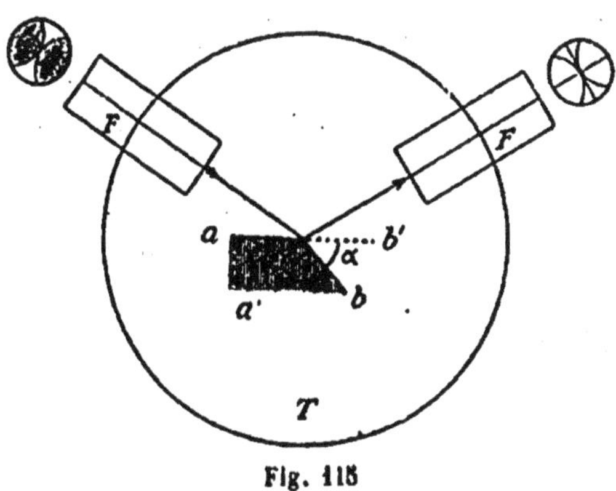


Fig. 115

c). *Avec le goniomètre de réflexion.* — Le microscope de la fig. 109 peut être employé comme un simple goniomètre de réflexion.

Dans tout appareil semblable, de même que dans celui dont il est question ici, on utilise la réflexion de la lumière sur des surfaces planes (ici les faces du cristal)

Un signal (dans la fig. 115, une fente de Websky), placé à l'extrémité d'une lunette (collimateur), est réfléchi par la face et projeté dans l'œil de l'observateur par une deuxième lunette. Dans cette lunette se trouve un réticule (représenté dans la figure avec le signal réfléchi, à côté du tube). En faisant tourner le cristal autour de l'arête normale au plan du dessin, comprise entre *a* et *b*, on peut amener exactement sur le réticule l'image de ce signal réfléchi par *a*, comme il est représenté fig. 115 : on lit cette position sur le cercle divisé *T*. On tourne alors le cristal autour de l'arête formée par les faces *a* et *b*, jusqu'à ce que *b* vienne en *b'*, c'est-à-dire de l'angle α ; la face *b* projette l'image-signal, exactement comme dans la position précédente. Par une nouvelle lecture sur le cercle gradué, on obtient l'angle de rotation α, c'est-à-dire l'angle extérieur de *a* et *b*, qui est égal

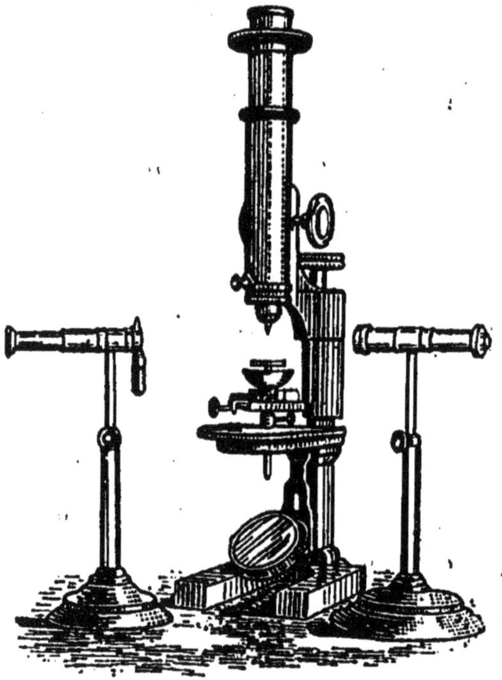

Fig. 116

à l'angle des normales abaissées sur *a* et *b* (angle des normales) ou, en d'autres termes, le supplément de l'angle compris entre les faces *a* et *b*.

On peut utiliser la platine du microscope comme cercle gradué. Comme, habituellement, celui-ci est divisé en degrés entiers et qu'on peut très bien estimer 1/10 de division, ou même souvent faire une lecture exacte au moyen d'un vernier, il est possible, de cette façon, d'obtenir des mesures exactes à 6' près.

A la place de l'objectif, on visse au microscope (fig. 116) une aiguille qui marque l'axe de l'instrument et sur laquelle on dirige tout d'abord la lunette de visée, laquelle est munie à l'extrémité antérieure d'une loupe se rabattant en avant.

Cette lunette est placée à l'opposé du collimateur, de l'autre côté de la plate-forme du microscope, ce qu'il est facile de réaliser en regardant le signal lumineux au moyen de la lunette d'observation, dont la loupe est à ce moment enlevée. Le collimateur est alors dirigé suivant l'axe de la lunette de visée ; on place ensuite cette dernière sous un angle approprié (environ 100-130°), par rapport au collimateur, l'axe des deux instruments restant dans un même plan horizontal. L'aiguille est ensuite enlevée.

Le cristal est fixé avec de la cire sur la tablette d'un appareil s'adaptant à la platine du microscope, de telle sorte que l'arête de l'angle à mesurer soit à peu près verticale et marque le milieu de la platine. Cette arête est alors exactement centrée grâce à deux petits chariots fixés sur la platine et agissant à angle droit ; elle est en outre disposée verticalement au moyen d'une articulation sphérique ; donc, par le fait de la rotation de la platine, l'arête demeure parallèle aux fils verticaux du réticule. La mesure peut alors être effectuée.

Les goniomètres à réflexion indépendants sont cependant préférables à cette combinaison goniométrique très simple et ne coûtent qu'une somme modique.

## Valeurs angulaires nécessaires pour la détermination des formes cristallines

La forme cristallographique d'une substance est complètement déterminée quant à ses angles, quand on donne les relations géométriques de la croix des axes. Il est par suite utile pour celui qui se livre à des recherches d'établir ces relations de la croix des axes et de faire les mesures d'angles nécessaires au calcul.

1). *Système triclinique.* — La croix des axes, produite par l'intersection de 3 faces non parallèles (pinacoïdes) (fig. 13), est caractérisée par les 3 angles que ces 3 faces font entre elles et en outre par les longueurs des axes $a$ et $c$, $b$ étant $= 1$. Pour pouvoir calculer ces longueurs des axes, il faut connaître outre les 3 angles cités, 2 des 3 angles indépendants, au total 5 valeurs angulaires indépendantes.

2). *Système monoclinique.* — Pour la détermination de la croix des axes (fig. 25), 3 mesures suffisent, car l'axe $a$ est perpendiculaire à $b$ et $b$, perpendiculaire à $c$. Seuls $a$ et $c$ forment un angle $\beta$ variable avec les différentes substances, angle qui est égal à l'inclinaison de la base sur l'orthopinacoïde. Pour la détermination des longueurs des axes $a$ et $c$ par rapport à $b$ ($b = 1$), il faut encore deux mesures d'angle, c'est-à-dire au total 3 mesures indépendantes.

3). *Système rhombique.* — Les 3 axes de la croix des axes sont perpendiculaires les uns aux autres (fig. 36). Pour la définition des formes cristallines, il suffit de déterminer les longueurs $a$ et $c$, c'est-à-dire qu'il faut faire 2 mesures d'angle indépendantes.

4 et 5). *Systèmes hexagonal et tétragonal.* — Il ne s'agit ici que du rapport de la longueur des axes conjugués $a$ ($= 1$) à la longueur de l'axe principal $c$ (fig. 50 et 64). Il suffit donc

d'une mesure, qui naturellement ne doit pas être la conséquence nécessaire de la nature du système, comme par
exemple celle d'un angle prismatique de 90° (système tétragonal) ou de 120° (système hexagonal), car ces angles se
retrouvent dans tous les cristaux des systèmes tétragonal
ou hexagonal. Il faut au contraire un angle indépendant, par
exemple l'inclinaison mutuelle des faces d'une pyramide. Il
en est naturellement de même pour les systèmes monoclinique et rhombique, dans lesquels également certains angles
sont immédiatement donnés par le système (Cf. relations
générales des angles, p. 28 et 33).

6). *Système régulier*. — Comme tous les cristaux réguliers
possèdent la même croix des axes, les mesures d'angles ne
sont pas nécessaires à sa définition.

# CHAPITRE V

## Méthodes optiques pour l'étude des cristaux

### 1. Réfraction

Quand un rayon lumineux pénètre d'un milieu dans un autre, par exemple de l'air dans le verre, il existe, comme on le sait, entre l'angle d'incidence $i$ et l'angle de réfraction $r$ (fig. 117) le rapport constant $\dfrac{\sin i}{\sin r} = n$.

Cette grandeur $n$ est caractéristique de la substance considérée et, comme elle est facile à déterminer, du moins approximativement, elle est de grande valeur pour la définition et la reconnaissance d'un corps.

On emploie pour cette détermination la méthode d'immersion dans des liquides dont l'indice de réfraction $n$ est connu.

Si on plonge un corps incolore d'indice $n$ dans un liquide incolore de même indice, le contour de l'objet immergé disparaît. On ne voit plus ses bords, de même que l'on ne reconnaît plus les contours de l'eau que l'on a versée dans l'eau. Si les indices de réfraction des deux corps diffèrent l'un de l'autre, par exemple si l'on plonge un cristal de quartz dans l'eau, on reconnaît facilement les contours de la substance solide. En essayant un certain nombre de liquides, on en trouve un dont l'indice concorde avec celui du corps étudié, ou du moins s'en approche, de sorte que son contour devient très flou, quand on le considère sous le microscope. De l'indice de réfraction connu $n$ du liquide, on conclut à la réfrangibilité du corps étudié.

La table suivante donne les indices de réfraction d'un certain nombre de liquides, pour la lumière du sodium et une température de 15° C.

| | $n$ | | $n$ |
|---|---|---|---|
| Alcool méthylique.... | 1,33 | Essence de girofle..... | 1,53 |
| Eau... ........ ..... | 1,33 | Créosote ............. | 1,54 |
| Alcool éthylique..... . | 1,36 | Huile d'anis.......... | 1,56 |
| Alcool amylique...... | 1,40 | Aniline ......... .... | 1,58 |
| Chloroforme......... | 1,45 | Huile d'amandes amères | 1,60 |
| Glycérine........... | 1,47 | Sulfure de carbone.... | 1,63 |
| Huile d'olive......... | 1,47 | Naphtaline monobro- | |
| Huile de ricin........ | 1,49 | mée................ | 1,66 |
| Benzol............. | 1,50 | Iodure de potassium et | |
| Essence de cèdre. ... | 1,51 | de mercure concentré | 1,73 |

On peut aussi dans ces essais ajouter à un liquide d'indice $n$ connu (par exemple de l'eau) un autre liquide d'indice $n'$ (par exemple de l'iodure de $K$ et $Hg$), jusqu'à ce que le corps étudié soit aussi peu visible que possible. On calcule l'indice du mélange, d'après la formule $nv + n'v' = n''v''$, dans laquelle $v$ représente les volumes. On a déterminé le poids spécifique et l'indice de réfraction $n$ (pour la lumière du sodium) d'un grand nombre de solutions aqueuses d'iodure de $K$ et $Hg$ ; dès lors l'indice cherché peut, à l'aide d'une table, se déduire de la connaissance du poids spécifique, lequel peut se déterminer facilement avec une balance de Westphal. Le réfractomètre d'Abbe est très commode pour déterminer les indices de réfraction des liquides (pour $n = 1,3 - 1,7$).

Iodure de $K$ et de $Hg$ :

| Poids spécifiques | Indices $n$ | Poids spécifiques | Indices $n$ |
|---|---|---|---|
| 3,2 | 1,73 | 2,3 | 1,57 |
| 3,1 | 1,71 | 2,2 | 1,55 |
| 3,0 | 1,70 | 2,1 | 1,53 |
| 2,9 | 1,68 | 2,0 | 1,51 |
| 2,8 | 1,66 | 1,9 | 1,49 |
| 2,7 | 1,64 | 1,8 | 1,47 |
| 2,6 | 1,62 | 1,7 | 1,46 |
| 2,5 | 1,60 | 1,6 | 1,44 |
| 2,4 | 1,58 | 1,5 | 1,42 |

L'examen microscopique permet d'ailleurs d'obtenir immédiatement une notion sur l'intensité de la réfraction. En effet, les substances (comme le quartz) dont l'indice de réfraction, peu élevé, est voisin de celui du baume de Canada paraissent lisses et leurs bords sont peu visibles quand elles sont plongées dans le baume. Mais les corps ayant un indice notablement plus élevé que le baume (par exemple le grenat) montrent un aspect rugueux, chagriné, et en outre, leurs bords sont très nets. Ce phénomène est particulièrement visible quand on éclaire la préparation avec des rayons obliques.

Becke a indiqué un procédé très pratique pour déterminer si un minéral a un indice plus élevé ou plus faible qu'un minéral adjacent ou que le baume qui l'englobe. On se sert d'un objectif puissant et on met au point sur la ligne de séparation des deux minéraux ou sur la limite du cristal et du baume; on éclaire obliquement la préparation. Les rayons traversant le minéral de plus grand indice et venant frapper la surface de contact avec le minéral adjacent sous un angle moindre que l'angle limite sont complètement réfléchis et se concentrent sur le côté du minéral de plus grand indice. Si on élève alors un peu l'objectif, on voit la bande brillante dans la substance d'indice le plus élevé. Si on abaisse l'objectif, la bande brillante paraît dans le minéral d'indice le plus bas et semble s'écarter de la ligne séparative des deux minéraux, au fur et à mesure qu'on abaisse l'objectif. On peut ainsi déceler des différences très faibles entre les indices de réfraction.

Dans la recherche des indices de réfraction, il faut tenir compte de ce fait que la double réfraction a une influence

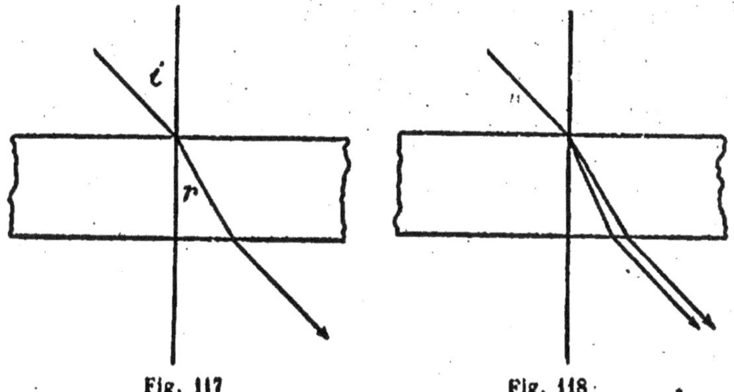

Fig. 117 · · · · Fig. 118

sur ces phénomènes, dans le cas des subtances cristallisées n'appartenant pas au système cubique.

## 2. Réfraction simple et double

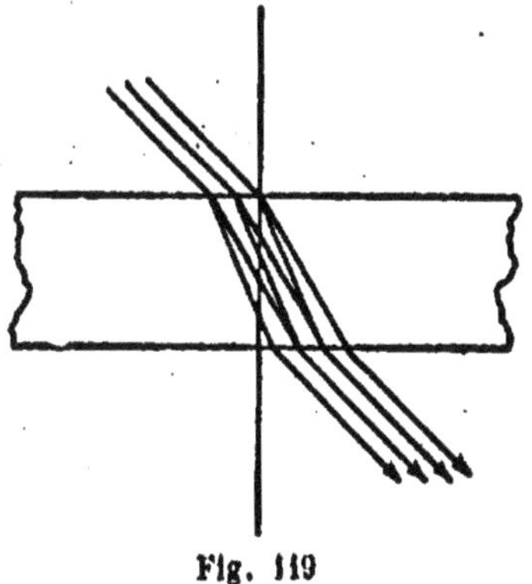

Fig. 119

Au point de vue optique, les corps se divisent en :

1). *Isotropes* = *monoréfringents* : corps amorphes et cristaux du système cubique.

2). *Anisotropes* = *biréfringents* : cristaux des systèmes hexagonal, tétragonal, rhombique, monoclinique, triclinique.

La fig. 117 montre le cas de la réfraction simple, la fig. 118 celui de la réfraction double ; dans ce dernier cas, l'un des rayons suit la loi de Descartes, c'est le rayon ordinaire ($n'$) ; l'autre est le rayon extraordinaire ($n_e$).

La fig. 119 permet de constater que chaque point de la surface inférieure du corps biréfringent, traversé par la lumière, émet deux rayons lumineux dans la même direction.

Avec un corps monoréfringent, chaque point de la surface inférieure envoie seulement un rayon lumineux.

### 3. Distinction de la réfraction simple et double

Pour distinguer la réfraction simple de la réfraction double, on peut utiliser cette propriété caractéristique que chaque point d'un corps traversé par la lumière émet un seul rayon lumineux, si le corps est monoréfringent (fig. 117),

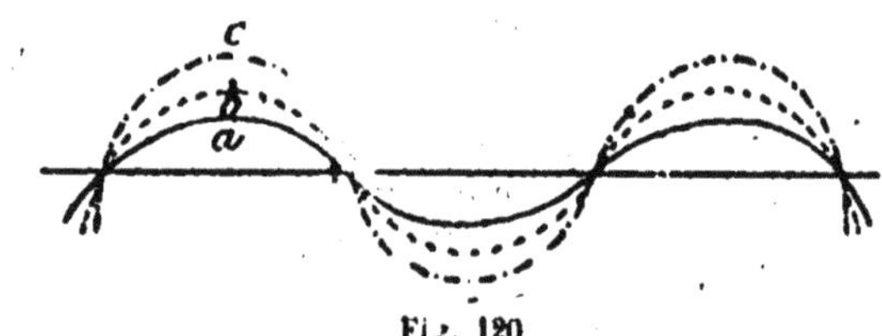


Fig. 120

tandis qu'il émet deux rayons lumineux, si ce corps est biréfringent (fig. 119). Quand deux rayons lumineux suivent le même chemin, on peut reconnaître leur présence grâce à leur interférence (renforcement, affaiblissement, extinction). Quand il n'existe qu'un seul rayon lumineux, il n'y a pas interférence.

Fig. 121

Deux vibrations lumineuses $a$ et $b$ qui ont une différence de marche d'une longueur d'onde entière (fig. 120) se renforcent en une vibration $c$ ; deux vibrations lumineuses qui ont une différence de marche d'une demi-longueur d'onde (fig. 121) s'annulent.

On suppose, dans ce dernier cas, que l'amplitude des oscilla-tions est égale, et, en outre, dans les deux cas, que le plan de vibration est le même pour les vibrations lumineuses $a$ et $b$.

### 4. Lumière naturelle et lumière polarisée rectilignement

La lumière naturelle possède un mode de vibration com-plexe. Comme c'est toujours le cas pour la lumière, les vi-brations des particules de l'éther se font normalement à la direction de propagation du rayon lumineux (transversale-ment), mais le plan de vibration change sans cesse. Imagi-nons sur le rayon lumineux $L$ (fig. 123 $a$) un anneau traversé

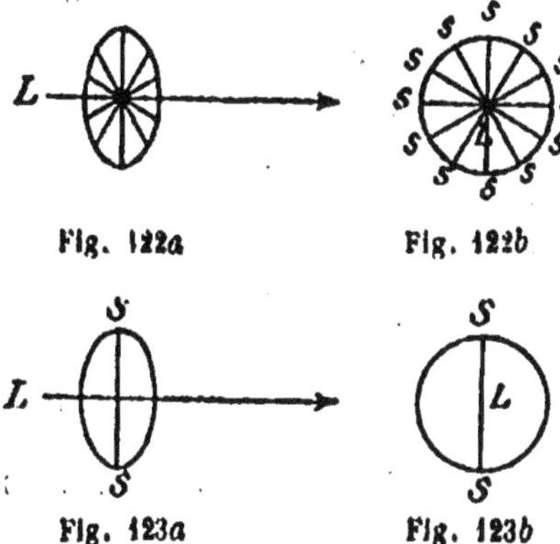

Fig. 122a                Fig. 122b

Fig. 123a                Fig. 123b

par un diamètre $SS$ ; ce dernier pourra représenter le plan de vibration passant par $L$ et $SS$. Faisons maintenant tour-ner rapidement l'anneau autour de $L$ comme axe, nous au-rons (fig. 122 $a$) une image des directions de vibration de la lumière naturelle, directions qui changent rapidement, mais qui passent toujours par $L$ et $SS$.

La lumière polarisée rectilignement possède un seul plan de vibration. Imaginons l'anneau de la fig. 123 $a$ fixé, $SS$ ré-pond toujours au plan de vibration de la lumière polarisée rectilignement. Dans les fig. 122 *b* et 123 *b*, la direction de propagation du rayon lumineux *L* est perpendiculaire au papier.

La lumière polarisée rectilignement, que nous utiliserons dans la suite, est donc un mouvement ondulatoire bien plus simple que la lumière ordinaire.

## 5. Distinction de la lumière polarisée rectilignement et de la lumière naturelle

Cette distinction se fait très simplement au moyen d'un prisme de Nicol (nicol), instrument qui sera étudié plus tard.

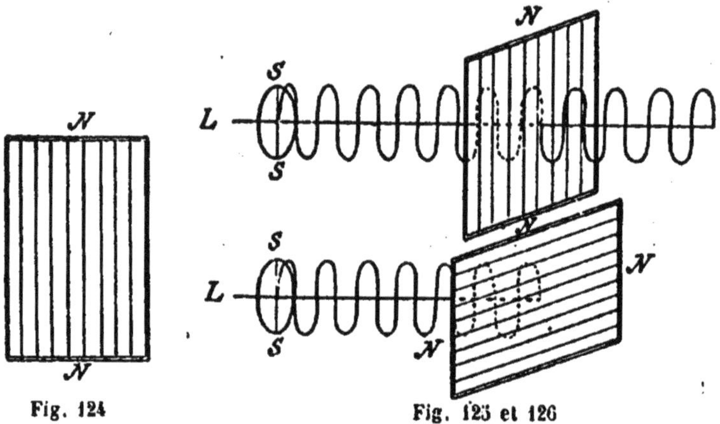


Fig. 124                              Fig. 125 et 126

Par anticipation, représentons-le nous comme un grillage lumineux (fig. 124), qui laisse passer les vibrations lumineuses parallèles aux barres du grillage *NN*, mais non celles qui sont perpendiculaires aux barres.

Il est visible sur la fig. 125 que la lumière polarisée rectilignement, se propageant suivant *L* et vibrant parallèlement à *SS*, peut passer à travers le prisme de Nicol *NN*, puisque *SS* et *NN* sont parallèles. Si on tourne le prisme de Nicol de 90°, jusqu'à la position de la fig. 126, la lumière polarisée rectilignement ne traversera plus le nicol (elle sera éteinte), car alors *SS* et *NN* sont perpendiculaires l'un à l'autre. La lumière polarisée rectilignement se reconnaît facilement à cette variation de clarté et d'obscurité, quand on l'examine à travers un nicol.

La lumière naturelle modifie très rapidement son plan de

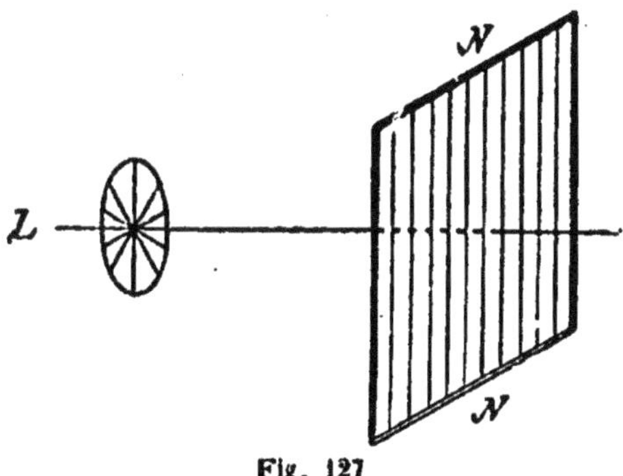


Fig. 127

vibration. Si on l'examine à travers un prisme de Nicol disposé comme dans la fig. 127, les vibrations verticales passent à travers le nicol, et comme les vibrations se reproduisent en succession très rapide, par suite de la rotation du plan de vibration, l'œil reçoit l'impression d'une lumière continue. Il en est de même pour toute autre position du nicol, par

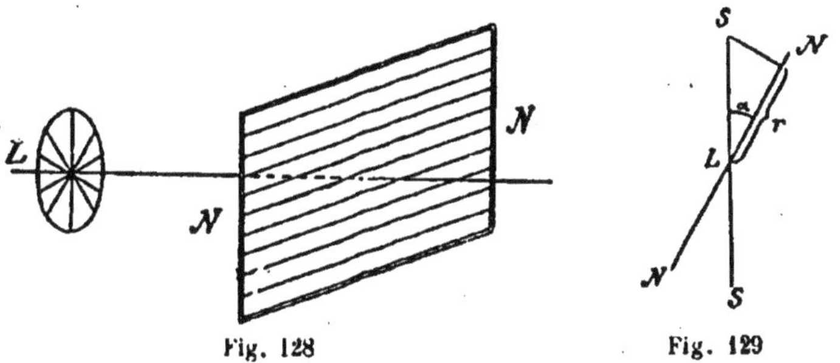


Fig. 128          Fig. 129

exemple celle de le fig. 128. Une rotation du nicol ne produit donc aucun changement de luminosité du rayon.

*Positions intermédiaires.* — Quand *SS* de la lumière polarisée rectilignement est parallèle à *NN* du nicol (fig. 125), celui-ci laisse entièrement passer les vibrations lumineuses, comme il a été dit ; mais si *NN* est perpendiculaire à *SS* (fig. 126), ces dernières sont complètement éteintes. La fig. 129 représente une position intermédiaire ; *SS* et *NN* forment un angle $\alpha$. Dans ce cas, le mouvement lumineux *LS* donne une composante sur *NN*, soit *r*. Posons $LS = 1$, nous aurons $\cos \alpha = \dfrac{r}{1} = r$. La lumière transmise *r* correspond donc au *cos.* de l'angle que *SS* et *NN* forment entre eux. Ce cas général embrasse ceux qui ont été examinés plus haut. Si *SS* est parallèle à *NN*, $\alpha = 0°$ et $\cos \alpha = \cos 0° = 1$, c'est-à-dire que toute la lumière traverse le nicol. Si *SS* est perpendiculaire à *NN*, $\alpha = 90°$ et $\cos \alpha = \cos 90° = 0$ ; par suite la lumière est éteinte.

## 6. Détermination du plan de vibration de la lumière polarisée rectilignement

Quand on connaît le plan de vibration (direction du grillage) d'un nicol, on peut facilement découvrir le plan de vibration d'un rayon lumineux polarisé rectilignement, en l'examinant à travers un nicol et en faisant tourner ce dernier devant l'œil. Le champ de vision paraît-il complètement clair : le plan de vibration de la lumière étudiée est parallèle à *NN*, dont la direction est connue. Le champ de vision est-il obscur : le plan de vibration cherché est perpendiculaire à *NN*. Dans les fig. 125 et 126, par exemple, on peut reconnaître que le plan de vibration de la lumière est vertical.

Réciproquement, on peut facilement déterminer le plan de vibration d'un nicol, si on connaît la position du plan de vibration d'une lumière polarisée. Dans les fig. 125 et 126, si on connaît *SS*, on pourra déterminer *NN* de la même façon que plus haut.

## 7. Polarisation rectiligne complète ou incomplète

Une lumière complètement polarisée rectilignement, par conséquent vibrant dans un seul plan, peut être complètement éteinte par un nicol. Pour une lumière incomplètement polarisée rectilignement, il y a encore d'autres plans de vibration, et on n'obtient jamais une extinction complète, mais seulement des différences d'éclairement, quand on examine la lumière avec un nicol.

## 8. Production de la lumière polarisée rectilignement

### Polarisation par réflexion

Un rayon lumineux $LL_1$ (fig. 130) qui est réfléchi par une plaque de verre, par de l'eau, etc. (les métaux exceptés) est polarisé rectilignement suivant $L_1L_2$. Démonstration au moyen d'un nicol comme plus haut. En examinant le rayon réfléchi, on constate divers éclairements suivant la position de $NN$.

### Polarisation par réfraction

Le rayon transmis $L_3L_4$ est de même polarisé rectilignement.

Remarque 1. — Les directions de vibration du rayon réfléchi $L_1L_2$ et du rayon réfracté $L_3L_4$ sont perpendiculaires entre elles, comme le montre la fig. 130.

*a*). Le rayon lumineux $L_1L_2$ vibre verticalement dans la fig. 130, puisqu'il traverse le nicol quand $NN$ est vertical et est éteint quand $NN$ est horizontal. $L_1L_2$ vibre donc normalement au plan d'incidence $LL_1L_3$ de la lumière.

*b*). Le rayon lumineux $L_3L_4$ de la fig. 130 vibre horizontalement, puisqu'il traverse le nicol quand $NN$ est horizontal et est éteint quand $NN$ est vertical. $L_3L_4$ vibre donc parallèlement au plan d'incidence $LL_1L_3$ de la lumière.

Puisqu'il est facile de produire, par réflexion, de la lumière polarisée rectilignement (par exemple au moyen d'un miroir),

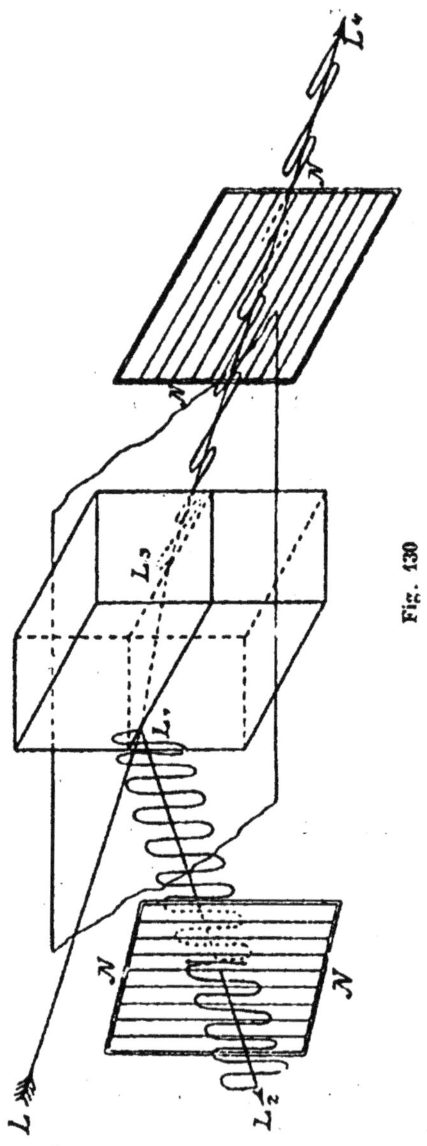


Fig. 130

on peut immédiatement déterminer le plan de vibration d'un nicol. Il faut noter que la lumière réfléchie, polarisée rectilignement, vibre normalement au plan d'incidence et, par suite, horizontalement quand on emploie un miroir horizontal.

Si on examine l'éclat du miroir à travers un nicol qu'on

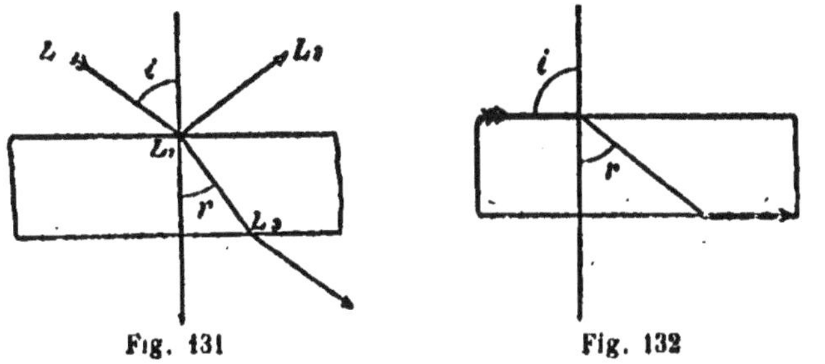

Fig. 131
Fig. 132

fait tourner devant l'œil, le plan de vibration de ce nicol est également horizontal, lorsque toute la lumière réfléchie traverse le nicol.

REMARQUE 2. — Le rayon réfléchi $L_1L_2$ est entièrement polarisé rectilignement, lorsque le rayon réfracté correspon-

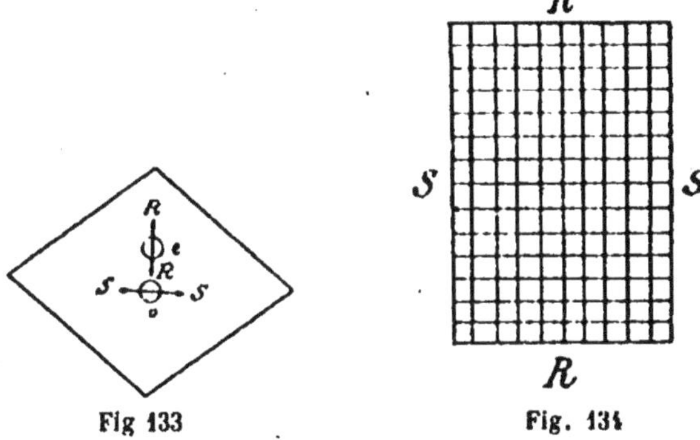

Fig 133
Fig. 134

dant $L_1L_3$ lui est perpendiculaire (fig. 131), c'est à dire quand $i + r = 90°$.

Dans ce cas, $n = \dfrac{\sin i}{\sin r} = \dfrac{\sin i}{\sin (90 - i)} = \dfrac{\sin i}{\cos i} = \operatorname{tg} i.$

Le rayon transmis $L_2L_1$ n'est jamais complètement polarisé. La polarisation est améliorée par des réfractions multiples (traversée d'une pile de glaces).

Il est assez bien polarisé, quand on fait tomber la lumière très obliquement sur la lame de glace et particulièrement quand l'incidence est rasante (fig. 132).

## Polarisation par suite du passage de la lumière à travers un cristal biréfringent

Les 2 rayons lumineux provenant d'un seul rayon par double réfraction (fig. 118) sont tous les deux entièrement po-

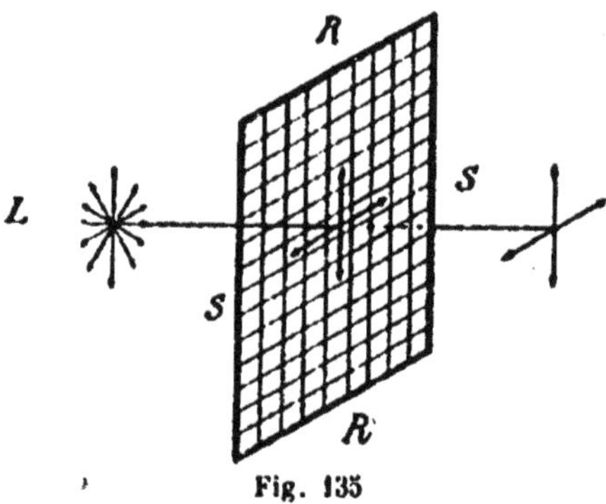


Fig. 135

larisés rectilignement. Leurs plans de vibration sont perpendiculaires l'un à l'autre.

Ceci est très facile à démontrer au moyen d'une lame de clivage épaisse de calcite. Si on place celle-ci sur une ouverture, par laquelle tombe un faisceau de lumière, ou sur un point noir, on voit aussitôt deux petits faisceaux de lumière $e$ (rayon extraordinaire) et $o$ (rayon ordinaire), séparés (fig. 133) par suite de la forte biréfringence de la calcite. On peut étudier avec un nicol leur polarisation et la position de leur plan de vibration. On reconnaît que la polarisation de $e$ et de $o$ est complète et que $o$ vibre de gauche à droite (parallèlement à $SS$), $e$ d'avant en arrière (parallèlement à $RR$).

Dans le but de rendre sensibles les phénomènes dont il est question ici, on peut se représenter la lame de calcite, ainsi que toute lame biréfringente, comme un double gril·lage, dont les barres sont à angle droit les unes par rapport aux autres (fig. 134). Les vibrations parallèles à *RR* et à *SS* sont seules transmises à travers la plaque biréfringente. Si de la lumière naturelle, dont les directions de vibration sont en nombre infini (fig. 135), tombe sur cette plaque, celle-ci trie, pour ainsi dire, les vibrations parallèles à *RR* et à *SS*. La plaque cristalline fournit donc deux mouvements lumineux se propageant dans la même direction et dont les plans de vibration sont perpendiculaires l'un à l'autre.

## 9. Elimination de l'un des deux rayons lumineux polarisés rectilignement dus à la double réfraction

Pour obtenir l'espèce de lumière la plus simple (lumière polarisée rectilignement possédant un seul plan de vibration),

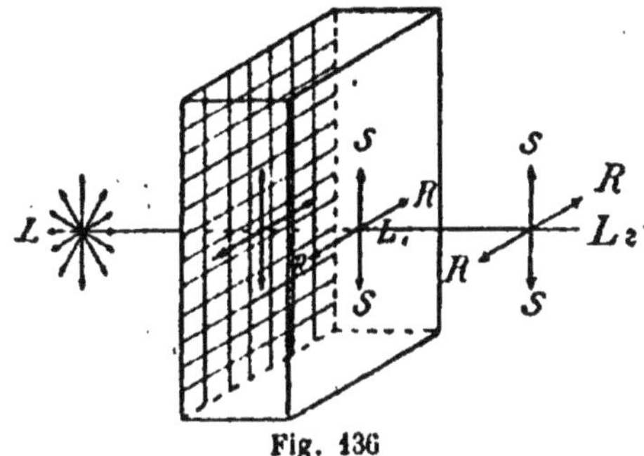

Fig. 136

il est nécessaire de supprimer l'un de ces deux rayons lumineux polarisés rectilignement dus à la double réfraction.

### Elimination d'un rayon lumineux par absorption

Une plaque de tourmaline biréfringente (fig. 136) fournit, comme il a été dit plus haut, deux rayons lumineux, qui se propagent dans la direction de $L_1L_2$ et vibrent normalement l'un à l'autre. Les deux rayons lumineux se produisent dès l'entrée de la lumière dans la tourmaline. Celle-ci a la propriété d'absorber progressivement la vibration $RR$, c'est-à-dire que pour une épaisseur suffisante de la plaque, la vibration $SS$ sort presque seule.

Cependant, comme l'absorption de $RR$ par la tourmaline n'est pas complète, et, en outre, que la lumière transmise est colorée en jaune, on n'emploie la tourmaline, pour la production de la lumière polarisée rectilignement, que dans des cas particuliers.

## Elimination d'un des deux rayons polarisés par réflexion totale

Si un rayon $LL_1$ de lumière naturelle pénètre dans une lame de calcite (fig. 137), il en sort 2 rayons $L_{1o}$ et $L_{1o}$ complètement polarisés rectilignement. On supprime le rayon

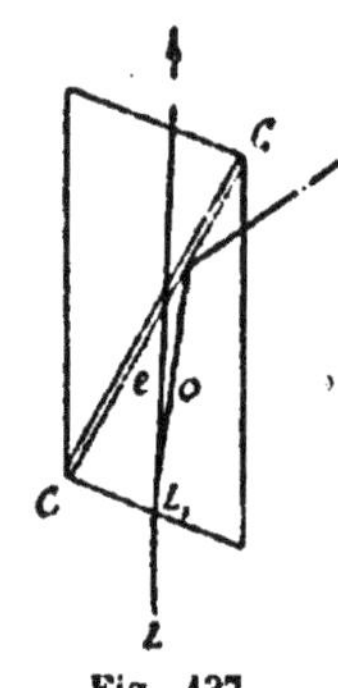

Fig. 137

$L_{1o}$ par réflexion totale sur une couche de baume de Canada transparente et faiblement biréfringente. Dans ce but, on coupe le rhomboèdre de calcite (qui a subi en outre une petite modification de forme) et on recolle les deux moitiés avec du baume de Canada. Tandis que le rayon $L_{1o}$ est totalement réfléchi par la couche de baume placée de manière appropriée et est absorbé par la douille de l'appareil, 'e rayon $L_{1o}$ tombe sur la couche de baume sous un angle tel qu'il peut traverser le baume et la calcite.

L'appareil qui vient d'être décrit se nomme un *prisme de Nicol*, d'après le nom de son inventeur, ou par abréviation un *nicol*.

Comme il a été dit plus haut, on peut se représenter un *nicol* comme un grillage lumineux (fig. 124), qui fournit de la lumière polarisée rectilignement possédant un seul plan de vibration.

## 10. Relations mutuelles des deux nicols

Si on place deux nicols l'un au-dessus de l'autre, de telle
sorte que leurs directions de vibration $NN$ et $N_1N_1$ soient parallèles, comme dans la fig. 138, et si on regarde à travers
cette combinaison une source de lumière naturelle, on ob
serve le phénomène optique suivant.

Parmi les nombreuses vibrations de la lumière naturelle
le nicol $NN$ ne laisse passer que celles parallèles à $NN$ (ou
bien il les rend telles). Il produit donc de la lumière polarisée rectilignement. Celle-ci arrive à travers l'air au deuxième
nicol $N_1N_1$, trouve la voie libre, puisque son plan de vibration et celui du second nicol $N_1N_1$, sont parallèles et traverse

Fig. 138

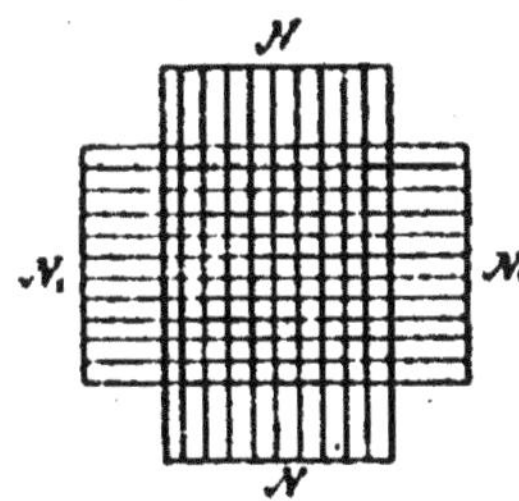

Fig. 139

par conséquent le second nicol. Le champ de vision paraît
donc clair avec les nicols parallèles ( $\|$ $N$).

Avec les nicols croisés ($+$ $N$), les choses se passent au point
de vue optique de la façon suivante (fig. 139). Le nicol $NN$ produit de la lumière polarisée rectilignement, qui vibre suivant
$NN$. Celle-ci est complètement éteinte par $N_1N_1$, puisque son
plan de vibration est perpendiculaire à celui du deuxième
nicol. Le champ de vision paraîtra donc obscur pour $+$ $N$.

REMARQUE. — On étudie les cristaux dans le champ obscur
des nicols croisés.

## EXAMEN EN LUMIÈRE POLARISÉE PARALLÈLE

Dans ce cas, la préparation est traversée par des rayons lumineux parallèles, tombant normalement sur elle (fig. 140).

### 11. Conduite des corps isotropes entre les nicols croisés

Les corps amorphes et les cristaux du système régulier sont les uns et les autres monoréfringents (optiquement isotropes). Ils ne modifient pas le plan de la lumière polarisée rectili-

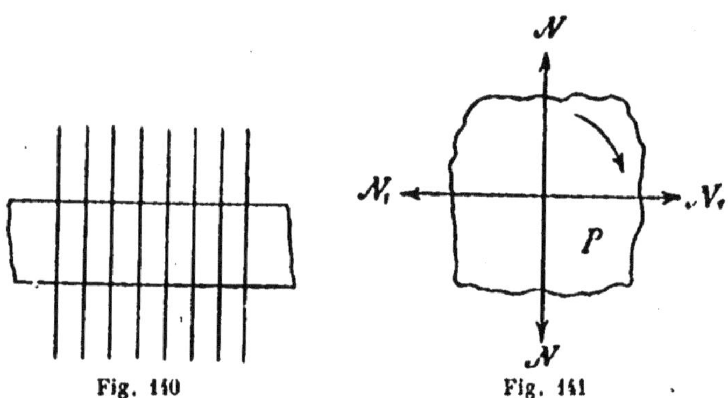

Fig. 140         Fig. 141

gnement, quelle que soit la direction suivant laquelle la lumière traverse la substance. La fig. 141 rend sensible ce phénomène. La vibration $NN$ traverse la plaque $P$ sans altérer son plan de vibration et est annulée par $N_1N_1$. Le champ de vision demeure donc obscur après l'intercalation de la plaque $P$ entre les nicols croisés. En outre, il ne se modifie pas par la rotation de la préparation dans son plan.

RÈGLE : *Avec les corps isotropes, le champ de vision demeure toujours obscur entre les nicols croisés pour toute position de la plaque.*

## 12. Conduite des corps anisotropes entre les nicols croisés

Les cristaux des systèmes hexagonal, tétragonal, rhombique, monoclinique et triclinique sont biréfringents (optiquement anisotropes).

Ainsi qu'il a été indiqué antérieurement, on peut, pour faire comprendre la façon dont une lame biréfringente se comporte au point de vue optique, se la représenter comme un double grillage (fig. 134), dont les barres seraient perpendiculaires les unes aux autres, comme les droites $RR$ et $SS$.

La conduite d'une telle plaque vis-à-vis de la lumière pola-

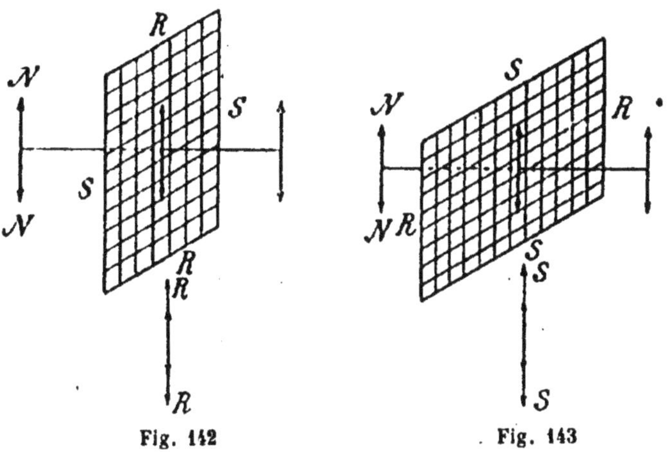

Fig. 142     Fig. 143

risée rectilignement est facilement compréhensible. Dans les deux positions des fig. 142 et 143, elle laisse traverser la lumière polarisée rectilignement, puisque les vibrations $NN$ trouvent libre, pour ainsi dire, le chemin $RR$ dans la fig. 142, de même que le chemin $SS$ dans la fig. 143 et réussissent à traverser la plaque sans altérer leur plan de vibration. La fig. 144 montre une position de la plaque intermédiaire entre celles représentées fig. 142 et 143. La lumière incidente polarisée rectilignement et vibrant parallèlement à $NN$ ne peut

traverser la plaque sans modifier son plan de vibration. Elle
se divise en deux composantes *r* et *s*, de sorte que, désormais,
de chaque point de la plaque émanent 2 rayons lumineux, qui
suivent le même chemin et vibrent perpendiculairement l'un
à l'autre.

Utilisons maintenant, en outre du nicol *NN*, un deuxième
nicol $N_1N_1$ pour étudier la lumière sortant de la plaque dans
les différentes positions de cette dernière, et attachons-nous
au dernier cas cité, celui de la position intermédiaire.

Pour cet examen, les deux nicols sont croisés (+ *N*),

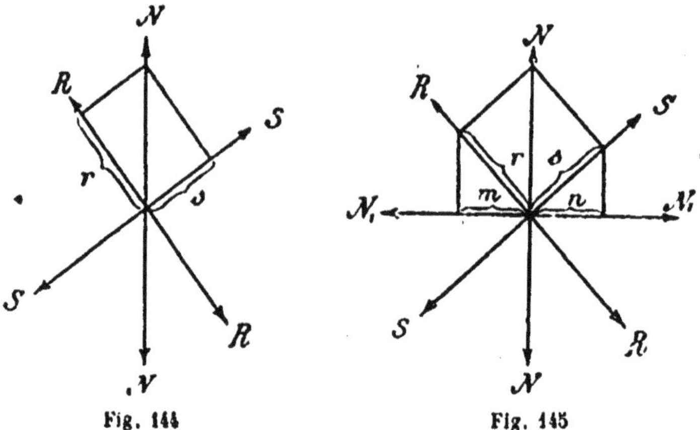

Fig. 144          Fig. 145

comme le montre la fig. 145. Le premier nicol (polariseur)
produit la lumière polarisée rectilignement, dont les vibrations se font parallèlement à *NN*. Ces mouvements lumineux
parviennent à la plaque, dont les directions du grillage (= directions de vibration) sont parallèles à *RR* et *SS*. De cette
plaque émerge de la lumière décomposée en 2 composantes
*r* et *s*, dont les vibrations ont lieu parallèlement à *RR* et *SS*.
Elle rencontre ensuite le deuxième nicol, appelé analyseur,
au moyen duquel on examine les modifications subies par la
lumière. La direction de vibration de ce dernier est parallèle
à $N_1N_1$ ; celle de la lumière transmise *r* et *s* est, comme il a
été dit, parallèle à *RR* et *SS* ; par conséquent, chacun de ces

mouvements lumineux donne une composante sur $N_1N_1$. Ces composantes sont représentées par $m$ et $n$.

Il se propage donc désormais dans le deuxième nicol deux mouvements lumineux, qui sont ramenés dans le même plan de vibration $N_1N_1$. On peut alors observer leurs phénomènes d'interférence.

Il faut considérer que les deux mouvements lumineux $r$ et $s$, qui traversent la plaque avec des vibrations parallèles à $RR$ et $SS$, ont des vitesses différentes, de sorte qu'ils acquièrent une *différence de marche* ou *différence de phase*. Celle-ci se fait sentir plus tard, après que les vibrations ont été ramenées par l'analyseur dans le même plan ; les mouvements lumineux $m$ et $n$ peuvent alors interférer, c'est-à-dire se renforcer, s'affaiblir ou même s'annuler, d'après le degré de différence de marche acquise dans la plaque. Ordinairement, on observe à la lumière du jour ou à celle d'une lampe, qui sont des lumières composées. On a alors affaire à des espèces de lumière très différentes, qui possèdent dans la plaque des longueurs d'onde variées et acquièrent ainsi des différences de marche diverses. Aussi, lorsque l'annulation des ondes interférentes doit se produire pour une couleur, ce n'est pas alors le cas pour les autres couleurs. Ces dernières se combinent au contraire en une couleur composée, après suppression des sortes de lumières annihilées par interférence : la plaque étudiée paraît colorée sur le champ sombre des nicols croisés. *Cet éclairement du champ de vision obscur par interposition d'une plaque entre les nicols croisés est un signe certain de biréfringence.*

Par la rotation d'une plaque biréfringente dans son plan, entre les nicols croisés, on observe les phénomènes suivants. Nous répétons qu'une telle plaque paraît claire (ou bien colorée, si on emploie la lumière du jour), quand ses directions de vibration $RR$ et $SS$ sont placées obliquement par rapport à celles des nicols croisés (fig. 145). Par rotation de la plaque dans son plan, celle-ci vient, entre autres, en deux positions remarquables (fig. 146 et 147). Dans la fig. 146, les directions de vibration $RR$ de la plaque coïncident avec celles du polariseur $NN$, de même que $SS$ de la plaque avec $N_1N_1$ de l'analyseur. La lumière sortant du polariseur et vibrant parallèlement à $NN$, se propage à travers $RR$ de la plaque ; elle traverse donc celle-ci sans décomposition et atteint l'analyseur, dont la direction de vibration est normale aux vibrations incidentes ; par suite, cette lumière ne peut traverser ce nicol. Par conséquent, dans la position de la fig. 146, la plaque paraît obscure (éteinte). Tournons la de 90° à droite ou à gauche, sa direction de vibration $SS$ coïncide alors avec $NN$ du polariseur et $RR$ avec $N_1N_1$ (fig. 147). La lumière émanant du polariseur et vibrant parallèlement à $NN$ se propage suivant $SS$ de la plaque sans décomposition, arrive à l'ana-

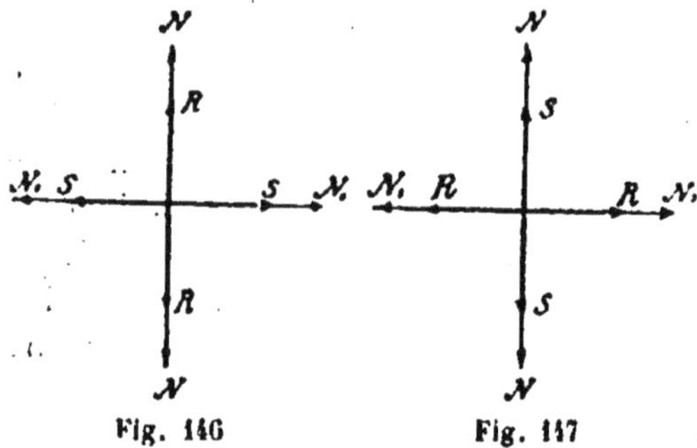


Fig. 146             Fig. 147

lyseur, dont $N_1N_1$ est normal à $SS$, et par suite ne peut traverser ce dernier. Par conséquent, dans cette position, la plaque paraîtra obscure (éteinte).

D'où cette règle : *Une plaque biréfringente paraît sombre entre les nicols croisés, quand ses directions de vibration coïncident avec celles des nicols ; dans les positions intermédiaires, elle paraît claire.*

Pour une rotation complète (360°) de la plaque dans son plan, $RR$ et $SS$ coïncident 4 fois avec $NN$ et $N_1N_1$ ; la plaque cristalline paraîtra donc obscure 4 fois et sera claire dans les positions intermédiaires. Par conséquent, il est facile de distinguer une substance isotrope d'une substance anisotrope. La substance isotrope demeure toujours sombre, pendant une rotation complète dans son plan, entre les nicols croisés; l'anisotrope est obscure en 4 positions et claire dans les positions intermédiaires.

## 13. Hauteur des teintes de polarisation

Comme cela a été indiqué à diverses reprises, les plaques biréfringentes paraissent claires entre les nicols croisés à la lumière du jour ou d'une lampe, quand leurs directions de vibration ne coïncident pas avec celles des nicols croisés. Cela résulte de l'interférence des deux mouvements lumineux causés par la biréfringence, lesquels possèdent dans la plaque des vitesses différentes et, par suite, ont acquis une différence de marche. Plus le chemin était long dans la plaque, plus sera grande naturellement cette différence de marche ; celle-ci est donc proportionnelle à l'épaisseur de la plaque. En outre, sa grandeur varie avec les espèces de lumière employée (rouge, jaune, etc.).

Par conséquent, nous devons nous figurer que chacune des diverses sortes de lumière se propage, au delà de la plaque (fig. 145), sous forme de deux vibrations parallèles à $RR$ et $SS$ et que la différence de marche entre ces deux vibrations est de grandeur différente pour les diverses sortes de lumière. D'où il suit que les phénomènes d'interférence (renforcement, affaiblissement, extinction) ne sont pas simultanément les mêmes pour toutes les couleurs. Pour une sorte de lumière (le vert par exemple), l'extinction peut précisément se faire, tandis que pour une autre (le jaune par exemple), il y aura renforcement.

Prenons maintenant une épaisseur de plaque déterminée ; il est à prévoir que pour une (ou plusieurs) des multiples espèces de lumière, l'extinction se produira. Cette couleur disparaîtra donc dans la figure d'interférence, et si on éclaire la plaque avec cette couleur (et avec elle seule), la plaque paraîtra obscure dans la position intermédiaire (fig. 145).

Les autres sortes de lumière pour lesquelles l'extinction

n'a pas lieu se combinent en une couleur composée, d'où l'aspect coloré de la plaque. Cette couleur varie naturellement avec l'épaisseur de la préparation, car pour des épaisseurs différentes, d'autres couleurs disparaissent par extinction interférentielle, et les couleurs qui subsistent donnent

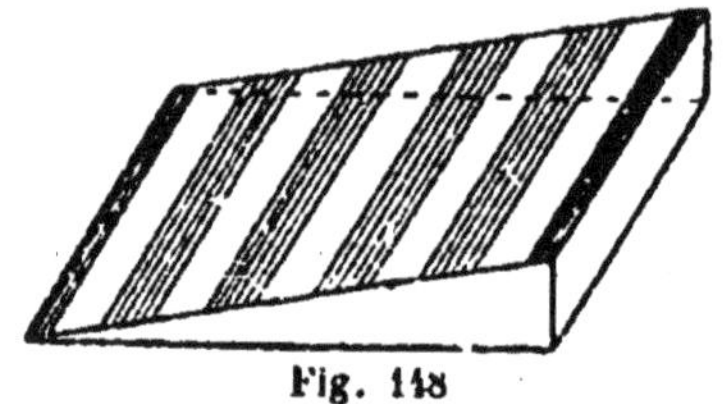

Fig. 148

d'autres teintes de polarisation. Ce phénomène est particulièrement commode à observer au moyen d'un coin biréfringent, dont l'épaisseur croît progressivement (quartz taillé en biseau, compensateur) (fig. 148).

On distingue sur un tel instrument placé en position intermédiaire entre les nicols croisés, des bandes colorées parallèles à l'arête. D'après la répétition de teintes déterminées, on divise la suite des couleurs en couleurs de I", II", III" ordre, etc., qu'il est assez facile de distinguer, au moins pour les degrés inférieurs (¹). Il est très utile que le constructeur ajoute au microscope un tel biseau (par exemple de quartz ou de gypse) (²).

(1) Les couleurs se succèdent dans le même ordre que celles des des anneaux de Newton; on a donc à partir du biseau :

I<sup>er</sup> ordre : noir, gris-bleuâtre, blanc, jaune-paille, jaune brillant, orangé, rouge.

II<sup>e</sup> ordre : violet sensible, indigo, bleu, vert, jaune, orangé-rougeâtre.

III<sup>e</sup> ordre : violet sensible n° 2, indigo, bleu-verdâtre, vert brillant, jaune-verdâtre, rouge.

IV<sup>e</sup> ordre : gris-violacé sensible n° 3, gris-bleuâtre, gris-verdâtre, gris presque blanc.

Les teintes suivantes sont peu distinctes. On obtient enfin ce qu'on appelle le blanc d'ordre supérieur. Toutes ces teintes se fondent naturellement les unes dans les autres.

(2) Il est très instructif d'essayer de cliver un cristal de gypse en lamelles de plus en plus minces suivant

$$\infty\, a : b : \infty\, c = \infty\, P\, \infty = 010 = g'$$

et d'observer entre les nicols croisés les paillettes obtenues. On prépare sans peine des lamelles de gypse ayant un bord en biseau soit en les usant, soit en plaçant de fines lamelles dans de l'eau légèrement acidulée par *HCl.*

Avant de poursuivre l'étude des phénomènes de biréfringence et comme complément à l'examen sommaire auquel nous nous sommes livrés antérieurement sur les appareils de recherche, il faut indiquer la constitution du microscope polarisant, constitution qui sera maintenant compréhensible.

## 14. Constitution du microscope polarisant

Cet appareil permet de faire commodément les études optiques dont il a déjà été question et celles qui restent à décrire. On se sert pour cela du microscope déjà indiqué p. 58. Pour les recherches optiques, celui-ci est muni d'un polariseur sous la platine tournante et porte un analyseur soit dans le tube, soit au-dessus de l'oculaire. Il est commode d'avoir deux analyseurs, l'un s'intercalant dans le tube (fig. 109), l'autre se plaçant au-dessus de l'oculaire (fig. 149). Ce dernier n'est employé que dans certains cas (polarisation rotatoire, p. 120) ; habituellement, on se sert du premier. L'analyseur fixé au-dessus de l'oculaire rétrécit le champ de vision, puisque, naturellement, l'œil est alors éloigné de l'oculaire de la hauteur du nicol.

Quand l'analyseur est mis en place, le champ de vision doit être entièrement sombre. Le constructeur place les sections principales des nicols $NN$ et $N_1N_1$ de gauche à droite et d'avant en arrière. Le réticule de l'oculaire (réticule que l'on doit voir nettement quand on se sert du microscope) a les bras de la croix parallèles aux sections principales des nicols (¹) et projette pour ainsi dire ces sections principales dans le champ du microscope.

Il est très facile d'étudier avec un tel microscope les phénomènes de la réfraction simple et double. La rotation de la préparation dans son plan se fait à l'aide de la platine, sur

(1) On indiquera plus loin la manière de vérifier qu'il en est bien ainsi ; cf. note, p. 102.

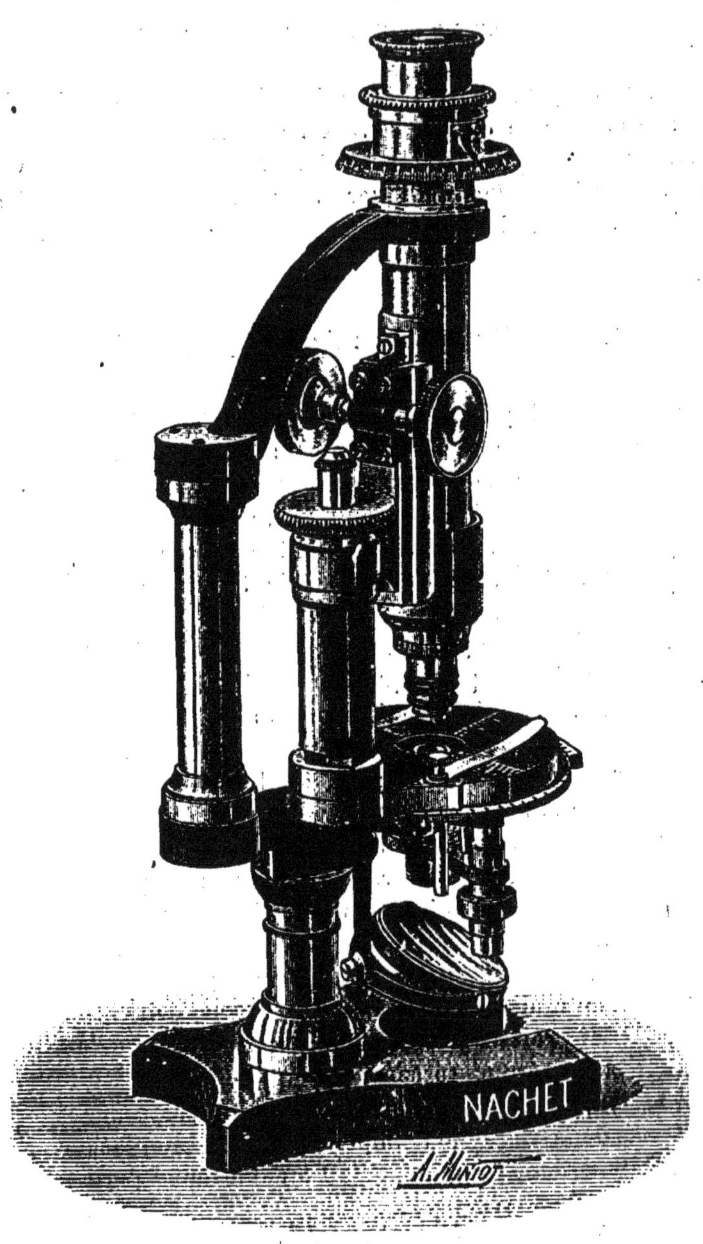


Fig. 149

laquelle on pose un porte-objet supportant le corps à étudier ; on peut aussi adapter à la platine un appareil à rotation (p. 61 et 62), si l'on veut observer les propriétés optiques de la préparation dans différentes directions.

· Dans les microscopes perfectionnés récemment construits, on peut faire tourner en même temps les deux nicols, la platine restant fixe ; tel est le cas de l'instrument représenté fig. 109.

## 15. Position des directions de vibration
### (directions d'extinction)

Une lame biréfringente paraît obscure (éteinte), quand ses directions d'extinction *RR* et *SS* (fig. 151, 152) coïncident avec les sections principales des nicols du microscope, c'est-à-dire avec les fils du réticule. En conséquence, si on fait tourner une telle plaque sur la platine jusqu'à une position d'extinction, les fils du réticule indiquent immédiatement la position des directions de vibration dans la plaque. Dans la fig. 151, ces directions de vibration de la plaque sont situées obliquement par rapport à l'arête $x$ ; on dit qu'il y a *extinction oblique* par rap

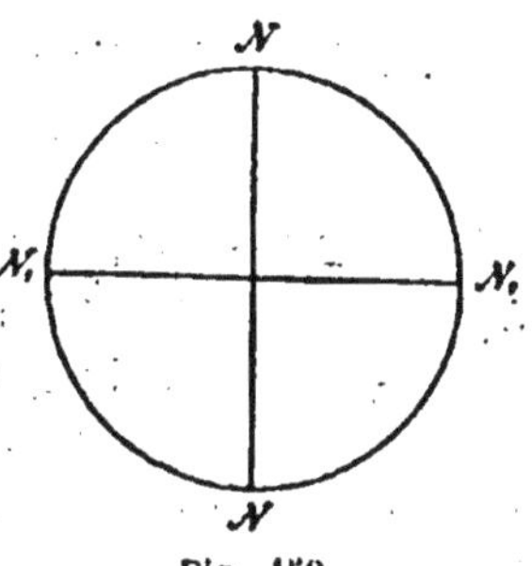

Fig. 150

port à $x$. Pour une autre plaque se trouvant également dans la position d'extinction (fig. 152), une des directions de vibration est parallèle à l'arête allongée $y$, la deuxième direction de vibration est donc perpendiculaire à $y$ ; on dit que l'extinction se produit parallèlement et perpendiculairement à $y$ ou qu'il y a *extinction droite*.

Au lieu de « *directions de vibration* », en emploie aussi l'expression de « *directions d'extinction* ». Les directions de vibration (directions d'extinction) forment une croix à

6

angles droits, la croix d'extinction, dont la position dans la
plaque est immédiatement donnée par les fils du réticule,

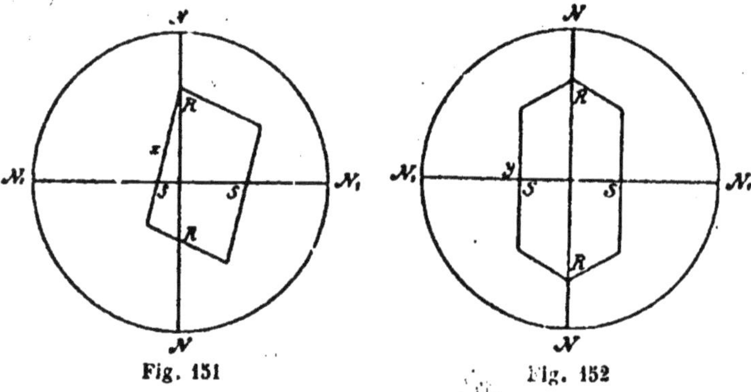

Fig. 151          Fig. 152

quand la préparation est dans la position d'extinction.


## 16. Détermination du système d'après la position de la croix d'extinction

La position de la croix d'extinction sur les faces d'un cristal biréfringent est en relation avec la symétrie optique
propre aux faces du système considéré. S'agit-il, par exemple (fig. 153), du pinacoïde antérieur ($h^1$) d'un cristal rhombique, sur les faces duquel les deux plans de symétrie optique $MM$ et $OO$ sont perpendiculaires ? alors la croix
d'extinction $RR$, $SS$ doit coïncider avec $MM$ et $OO$. Est-elle
placée obliquement, par exemple comme l'indique la ligne
ponctuée ? cela ne s'accorde plus avec la symétrie rhombique. En comparant la position de la croix d'extinction sur
les différentes faces d'un cristal, on peut donc en déduire la
symétrie et par suite le système de celui-ci. La fig. 154, par
exemple, établit la présence d'un seul plan de symétrie ; le
cristal se montre formé à droite comme à gauche : il est donc
monoclinique.

La symétrie optique des systèmes cristallins a déjà été indiquée (p. 9-10); néanmoins il peut être bon de la rappeler encore une fois.

*Système triclinique*: Aucun plan de symétrie optique.

*Système monoclinique*: Un plan de symétrie optique (le pinacoïde latéral ou clinopinacoïde $g^1$).

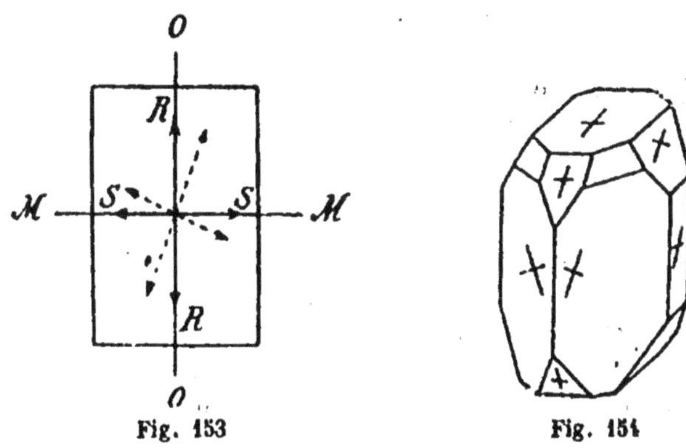

Fig. 153                         Fig. 154

*Système rhombique*: Trois plans de symétrie optique perpendiculaires entre eux (les 3 pinacoïdes, $p$, $h^1$, $g^1$).

*Système tétragonal et système hexagonal* (concordants): symétrie d'un ellipsoïde de révolution, dont l'axe de révolution coïncide avec l'axe cristallographique vertical.

Avant d'aller plus loin au sujet de la position de la croix d'extinction dans les cristaux des divers systèmes, il faut encore donner une autre répartition des cristaux en groupes optiques.

## 17. Groupement des systèmes cristallins

Sont :

I. *Isotropes* optiquement: les corps amorphes et les cristaux du système régulier.

II. *Anisotropes* optiquement : tous les autres cristaux. Parmi ceux-ci on distingue en outre :

1). *Cristaux à un axe optique (uniaxes)* : les cristaux des systèmes hexagonal et tétragonal.

2). *Cristaux à 2 axes optiques* (biaxes) : les cristaux des systèmes rhombique, monoclinique, triclinique.

1). Les cristaux uniaxes ont une direction de monoréfringence (isotropie optique), qui est la direction de l'axe principal, l'axe *c*. Dans toutes les autres directions, les cristaux uniaxes sont biréfringents.

2). Les cristaux biaxes ont 2 axes optiques. Dans toutes les autres directions, ils sont biréfringents.

## 18. Conduite des cristaux des différents systèmes entre les nicols croisés

### I. Corps isotropes

Les corps isotropes n'éclairent pas le champ de vision obscur; celui-ci reste obscur pour une rotation complète de la platine et pour toute orientation du cristal.

### II. Corps anisotropes

1). Cristaux uniaxes : 
$\begin{cases} \textit{Cristaux du système hexagonal.} \\ \textit{Cristaux du système tétragonal.} \end{cases}$

*a*). Les plaques normales à l'axe *c* (par conséquent se confondant avec la base *p*) sont normales à l'axe optique. Suivant la direction de ce dernier, il n'y a pas biréfringence. De telles sections n'éclairent pas non plus le champ de vision obscur, qui reste obscur pour une rotation complète de la platine.

Les cristaux du système régulier et les sections de cristaux des systèmes hexagonal et tétragonal normales à l'axe optique se conduisent de la même façon à ce point de vue.

*b*). Plaques parallèles à l'axe *c* (plaques de la zone $h'h'$). Si on imagine un cylindre taillé dans un cristal hexagonal ou tétragonal (fig. 155), dont l'axe est parallèle à l'axe *c*, la croix d'extinction répondant à la symétrie optique hexagonale ou tétragonale doit être placée de telle sorte que sur chaque point du cylindre, c'est-à-dire sur toutes les faces possibles parallèles à l'axe *c*, les bras de la croix soient parallèles et perpendiculaires à la direction de l'axe *c*.

*c*). Plaques parallèles aux faces comprises entre les prismes et la base (c'est-à-dire placées de telle sorte que les intersections de ces plaques avec la base et avec les prismes sont parallèles) (plaques de la zone *ph'*). On peut représenter toutes ces faces par deux cônes placés au-dessus et au-dessous du cylindre (fig. 155). Dans ce cas encore, les bras de la croix d'extinction sont parallèles et perpendiculaires à la projection de l'axe *c* sur la face considérée.

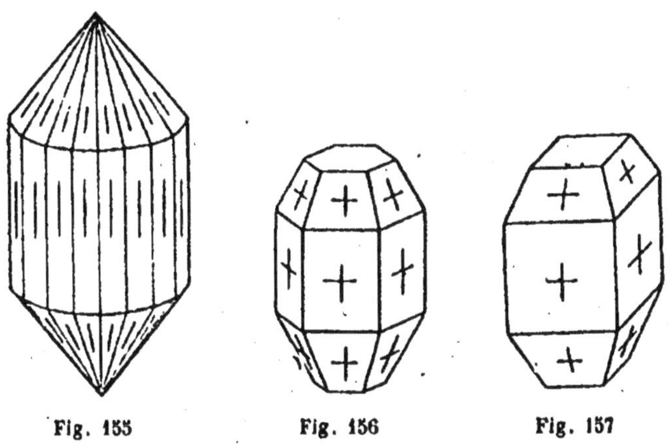

Fig. 155          Fig. 156          Fig. 157

(En général, extinction droite pour les sections longitudinales de cristaux ayant une apparence prismatique et pour toutes les sections ayant une apparence tabulaire).

Remarque. — Dans la fig. 155, un des bras de la croix est toujours seul figuré ; l'autre lui est perpendiculaire. Les fig. 156 et 157 montrent un cristal hexagonal et un cristal tétragonal et indiquent les positions des croix d'extinction.

## 2). Cristaux biaxes

*a): Cristaux rhombiques.* — Ils possèdent 3 plans de symétrie optique perpendiculaires les uns aux autres, qui coïncident avec les plans de symétrie géométrique. Les croix d'extinction sont orientées conformément à cette symétrie. La fig. 158 montre des faces perpendiculaires au pinacoïde latéral (ou brachypinacoïde $g^1$) (un des 3 plans de symétrie).

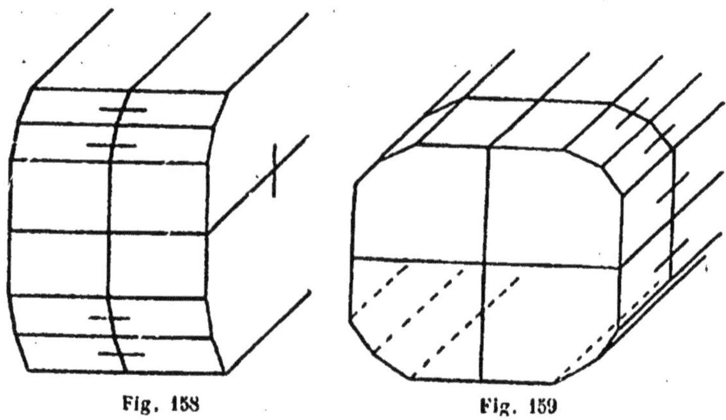

Fig. 158            Fig. 159

Sur ces faces, les croix d'extinction ont leurs bras parallèles et perpendiculaires à l'intersection des faces et du pinacoïde latéral. De même, dans la fig. 159, les directions d'extinction sont représentées sur les faces perpendiculaires au pinacoïde antérieur (ou macropinacoïde $h^1$) et dans la fig. 160 sur les faces perpendiculaires à la base (*p*).

*Schéma* :

Pinacoïdes (Faces parallèles à 2 axes cristallographiques) : extinction parallèle et perpendiculaire aux 2 axes cristallographiques contenus dans le pinacoïde (¹).

(1) On peut, à l'aide d'une plaque pinacoïdale rhombique (par exemple une lamelle de clivage d'anhydrite), qui doit s'éteindre parallèlement et perpendiculairement aux axes cristallographiques contenus en elle, vérifier si le microscope dont on se sert est bien construit ; dans ce cas, les fils de l'oculaire doivent être parallèles aux sections principales des nicols.

**Dômes** (Faces parallèles à un axe cristallographique) ; extinction parallèle et perpendiculaire à l'axe situé dans la face en dôme.

(En général, extinction droite pour toutes les sections longitudinales de cristaux ayant une apparence prismatique).

**Pyramides** : extinction oblique.

*b). Cristaux monocliniques.* — Ils ne possèdent qu'un plan de symétrie parallèle au pinacoïde latéral (Clinopinacoïde $g^{1}$).

Toutes les faces perpendiculaires à ce plan de symétrie

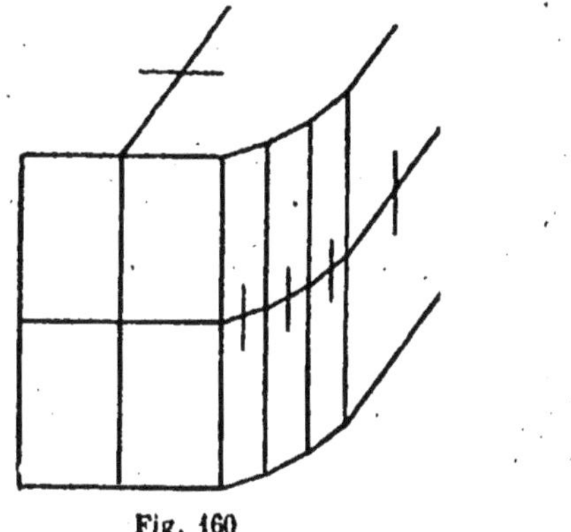

Fig. 160

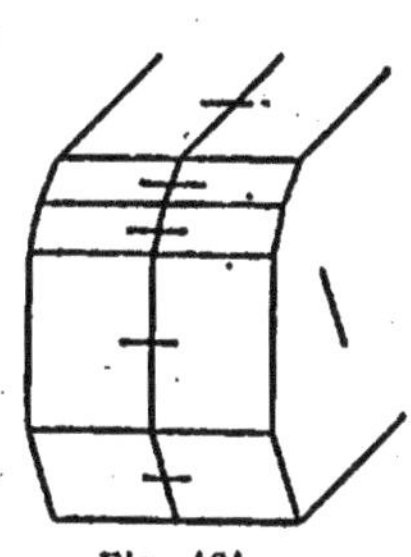

Fig. 161

doivent s'éteindre parallèlement et perpendiculairement à leur intersection avec ce dernier (fig. 161). Par conséquent, les sections prismatiques parallèles à l'orthopinacoïde ($h^{1}$) possèdent seules l'extinction droite. Sur les autres faces règne l'extinction oblique. Il faut particulièrement noter l'obliquité de l'extinction sur le pinacoïde latéral ($g^{1}$). Par suite du mode de construction « gauche comme droite », toutes les faces homologues, par exemple les faces droites et gauches des prismes, doivent naturellement se conduire d'une manière symétrique (fig. 154).

*c*). *Système triclinique*. — Le caractère asymétrique du système triclinique se manifeste encore par la position oblique de la croix d'extinction sur les diverses faces des cristaux tricliniques. (Donc jamais d'extinction droite).

REMARQUE 1. — Les sections de cristaux biaxes perpendiculaires à un axe optique se comportent d'une manière spéciale; entre les nicols croisés, elle ne deviennent jamais sombres pendant une rotation complète de la platine, mais paraissent toujours claires.

C'est la conséquence d'un phénomène compliqué qu'il n'y a pas lieu d'examiner davantage ici, et qu'on appelle la *réfraction conique intérieure*. En vertu de celle-ci, il se produit, suivant l'axe optique d'un cristal biaxe, un cylindre de rayons offrant des directions de vibration radiales (en nombre infini), de telle sorte que ces mouvements lumineux ne peuvent être éteints par un nicol, pas plus que la lumière naturelle (fig. 127-128). L'axe optique d'un cristal uniaxe n'est donc pas entièrement comparable à l'un des 2 axes d'un cristal biaxe.

REMARQUE 2. — *Dispersion des directions d'extinction*.

La position de la croix d'extinction sur une face se déduit, comme cela a été indiqué, de la symétrie optique propre à cette face, dans le système auquel le cristal appartient. Quand cette symétrie le permet, il peut se produire une séparation, une dispersion des directions d'extinction.

Cela n'est pas possible pour les pinacoïdes et les dômes du système rhombique. La fig. 153, par exemple, représente un pinacoïde antérieur rhombique (*h'*) sur lequel sont perpendiculaires par conséquent les deux plans de symétrie *MM* et *OO*, de sorte que la croix d'extinction doit être disposée pour toutes les couleurs suivant *RR* et *SS*; en effet, si pour une certaine couleur, elle s'éloignait de cette position (comme l'indique la flèche en pointillé), cela troublerait la symétrie rhombique.

Dans le système monoclinique, aucune dispersion des di-

rcctions d'extinction ne peut avoir lieu sur les faces parallèles à l'axe *b* (lesquelles sont symétriques géométriquement et semblables optiquement à droite et à gauche),
mais celle-ci est possible
pour le pinacoïde latéral (*g'*),
puisqu'elle est compatible
avec la symétrie monocli-
nique. Les extinctions pour
le rouge, le jaune, le bleu,
etc., peuvent être disposées
comme l'indique la fig. 162(').

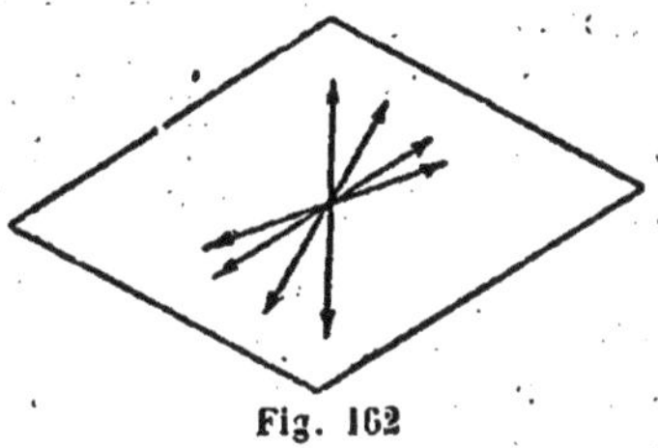

Fig. 162

Dans le système triclinique, par suite du manque de symé·
trie, la dispersion indiquée peut se montrer sur toutes les
faces.

En général, ces phénomènes ne sont pas observables. Quand
ils existent, on ne peut obtenir, avec la lumière du jour ou
celle d'une lampe, une extinction précise se produisant rapidement, puisque cette extinction n'a pas lieu en même temps
pour toutes les couleurs. On observe alors à la lumière d'un
brûleur de Bunsen, colorée en jaune par $Na^2SO^4$ ou en rouge
par $Li^2SO^4$.


REMARQUE 3. — Il faut se rappeler que les termes d'extinction droite et d'extinction oblique n'ont de sens qu'à la
condition d'indiquer la direction à laquelle se rapporte cette
obliquité. Cette direction est celle d'un axe cristallographique ou d'une arête qui lui est parallèle. Ces arêtes n'étant
pas toujours visibles sur la plaque, les clivages (²) peuvent
être de grande utilité. La trace d'un clivage sur la plaque
équivaut en effet à la trace d'une face; elle peut donc être
utilisée comme repère.

Un minéral qui possède un clivage facile, offre souvent un

---

(1) Ici encore, on n'a dessiné qu'un des bras de la croix d'extinction.
(2) Ces clivages s'observent souvent sur les plaques minces sous
l'aspect de fines lignes parallèles groupées en une ou deux séries.

aplatissement parallèle à ce clivage; il se présente sous un aspect tabulaire (par ex. le mica). Une substance possédant deux clivages faciles, tend à se développer en longueur; son allongement est parallèle à l'intersection des deux clivages faciles (par ex. l'hornblende). Les cristaux affectent alors la forme de prismes allongés; c'est le cas en particulier pour les microlites, très petits cristaux formés rapidement.

Sur une section perpendiculaire (ou un peu oblique) à ces deux clivages, on pourra les apercevoir l'un et l'autre (la plaque paraîtra quadrillée). Une section parallèle à l'un des clivages ne montrera que l'autre clivage (la plaque n'offrira qu'une série de lignes parallèles).

Pour déterminer les directions d'extinction dans un minéral, tel que l'hornblende par exemple (monoclinique), on choisira une section montrant une seule série de clivages, dont les traces sont parallèles à un axe cristallographique (axe $c$), et on déterminera les directions d'extinction par rapport à cette direction de clivage.

Il faut encore faire observer que des sections faites dans ce cristal d'hornblende parallèlement à l'axe vertical, mais dans des directions différentes, donneront des angles d'extinction variables depuis 0 (extinction droite), pour une section parallèle à l'orthopinacoïde ($h^1$), jusqu'à un angle maximum pour une section parallèle au clinopinacoïde ($g^1$). C'est cet *angle d'extinction maximum*, qui est caractéristique de la substance considérée. Dans la pratique, il suffit le plus souvent de déterminer l'angle d'extinction dans deux ou trois sections et de prendre la plus grande valeur.

## 19. Détermination des différences d'élasticité optique dans une plaque biréfringente

Les bras d'une croix d'extinction ne sont pas de même valeur. L'un répond à la direction de la plus grande, l'autre de la plus petite élasticité optique de la plaque. Il est souvent utile de distinguer ces directions, car une autre division des cristaux en découle.

Par suite de ces différences d'élasticité suivant les directions, les indices de réfraction présentent des variations concomitantes. Il suffira, sans entrer dans aucune considération théorique, d'indiquer qu'il existe pour chaque cristal 3 indices principaux de réfraction. L'indice a une valeur maximum $(n_g)$ suivant l'axe de plus petite élasticité optique. Suivant l'axe de plus grande élasticité, l'indice a une valeur minimum $(n_p)$. Entre ces deux valeurs, il y a une infinité d'intermédiaires, parmi lesquels on distingue un indice moyen $(n_m)$, qui n'est pas la moyenne des deux autres et qui correspond à l'axe d'élasticité moyenne (normal au plan des deux autres axes).

On a donc $n_g > n_m > n_p$.

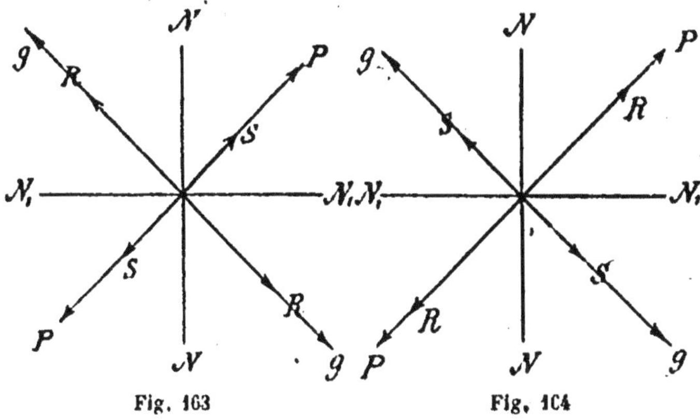


Fig. 163       Fig. 164

En général, une section faite dans un cristal ne contiendra pas les axes d'élasticité et, par suite, ne donnera pas les indices principaux. On démontre que les deux directions suivant lesquelles se divise la vibration incidente (qui sont précisément les directions de plus grande et de plus petite élasticité dans le plan de la plaque) correspondent à des indices qui sont l'un le plus petit $(n'_p)$, l'autre le plus grand $(n'_g)$ observables avec cette plaque. Entre ces indices particuliers à cette section et les indices principaux du cristal, existe la relation $n_g > n'$, et $n_p < n'_p$.

Il existe divers procédés pour établir si $RR$ (fig. 163-164) est la direction de plus grande ou de plus petite élasticité optique (par conséquent $SS$ de plus petite ou de plus grande élasticité).

### Emploi d'une lame de gypse.

Il est commode d'employer pour cela une lamelle de gypse de rouge de 1ᵉʳ ordre, c'est-à-dire une lamelle de clivage de gypse qui montre précisément le rouge de 1ᵉʳ ordre comme teinte de polarisation entre les nicols croisés (¹). La feuille de gypse, placée entre deux lames de verre, doit avoir ses directions de vibration (croix d'extinction) suivant $pp$, $gg$ (fig. 163-164) ; il faut se rappeler en outre que $pp$ est la direction de plus petite, $gg$ la direction de plus grande élasticité optique dans le plan de la feuille de gypse (²). Nous plaçons le gypse en diagonale, de manière à ce qu'il présente sa couleur rouge de polarisation et à ce que $pp$ coure obliquement dans le champ de gauche en bas à droite en haut, à 45° des sections principales des nicols croisés, comme dans les fig. 163 et 164. On glisse la feuille de gypse sur l'objectif, par une fente du microscope, ou bien on la place sur l'oculaire et

----

(1) Cette lamelle est ajoutée au microscrope par le constructeur. Elle est, du reste, facile à obtenir grâce au clivage très parfait du gypse suivant $g^1$ (010).

(2) Généralement le constructeur marque par une flèche la première de ces directions. Il est bon, naturellement, de la vérifier. Pour cela, on dispose la feuille de gypse entre les nicols croisés, de manière à obtenir le rouge de 1ᵉʳ ordre, et on la fait tourner alternativement autour de l'une et l'autre direction d'extinction comme axe, de manière à ne plus voir la plaque normalement, mais à regarder obliquement à travers une couche de gypse toujours plus épaisse, par suite de la rotation de la lamelle. La teinte de polarisation passe d'une part au bleu, d'autre part au jaune. Dans le cas où cette teinte se change en bleu, on tourne autour de l'axe de plus petite élasticité de la feuille de gypse.

sous l'analyseur, dans le cas où ce dernier est monté au-dessus de l'oculaire.

On amène ensuite, par rotation de la platine, la plaque à étudier dans les deux positions des fig. 163 et 164, de sorte qu'une fois $SS$, l'autre fois $RR$ coïncide avec $pp$ ; on observe dans les deux postions la teinte de polarisation, qui est une fois élevée, une fois basse. Quand la teinte de polarisation la plus élevée apparaît, quand *la teinte monte*, c'est-à-dire passe du rouge au bleu-violet de 2$^{me}$ ordre, l'axe de plus petite élasticité de la plaque étudiée se trouve parallèle à $pp$ du gypse. Quand la teinte de polarisation baisse ou descend, c'est-à-dire passe du rouge de 1$^{er}$ ordre à l'orangé ou au jaune de 1$^{er}$ ordre, l'axe de plus grande élasticité de la plaque correspond à l'axe de plus petite élasticité de la feuille de gypse, On peut en conclure si $RR$ ou $SS$ de la plaque est la direction de plus petite élasticité optique ou, ce qui revient au même, d'indice maximum ($n'_g$).

Pour expliquer ce phénomène, il faut ajouter que lorsque l'axe de plus petite élasticité du gypse coïncide avec l'axe de plus petite élasticité de la plaque, les éléments semblables gisent l'un au-dessus de l'autre ; par conséquent on doit observer une teinte de polarisation plus élevée que dans le cas contraire.

REMARQUE. — Quand on se sert de la feuille de gypse de la manière qui vient d'être indiquée, il est bon d'employer des préparations donnant des teintes de polarisation basses.

On obtient ces teintes basses en usant beaucoup la plaque pour la rendre très mince ou en utilisant les bords amincis de la préparation. Avec les plaques offrant des teintes élevées, il est parfois difficile de décider quelle est la plus élevée et quelle est la plus basse des deux teintes de polarisation obtenues par l'adjonction de la feuille de gypse.

### Emploi du quartz teinte sensible.

Au lieu de la lame de gypse, on emploie souvent, en France, du moins pour les substances dont la biréfringence n'est pas très grande, une lame de quartz taillée parallèlement à l'axe optique et donnant entre les nicols croisés la teinte sensible n° 2, c'est-à-dire le rouge-violet par lequel commence le 3° ordre de couleurs dans l'échelle de Newton. Elle doit son nom à ce fait que ses variations de teinte sont très faciles à saisir. On opère comme avec la lame de gypse.

### Emploi du compensateur en quartz.

Pour reconnaître à quel axe d'élasticité on a affaire, les minéralogistes français emploient aussi fréquemment un coin de quartz ou compensateur, surtout pour les plaques épaisses ou les substances très biréfringentes. C'est une lame de quartz taillée en biseau sous un angle de 1-3° (fig. 148). L'arête du prisme ainsi formé est parallèle à l'axe optique du cristal et correspond à l'axe d'élasticité minimum. On opère comme avec la lamelle de gypse, c'est-à-dire que, les nicols étant croisés, on fait tourner la platine jusqu'à ce que $RR$ et $SS$ soient à 45° de $NN$ et $N_1N_1$. Puis on ajoute le compensateur orienté de telle façon que son axe optique soit parallèle à l'une des directions d'extinction, $RR$, $SS$ ('). Si l'axe du quartz coïncide avec la direction de plus petite élasticité, la teinte monte. On enlève le quartz et on le replace à 90° de sa position précédente. Dans ces nouvelles conditions, l'axe optique du quartz coïncide avec l'axe de plus grande élasticité de la plaque étudiée. On peut alors, en faisant légèrement avancer ou reculer le biseau (c'est-à-dire en interposant sur le passage des rayons une épaisseur de quartz plus ou moins grande), faire disparaître la teinte de polarisation de la plaque, qui

(1) Pour la commodité des opérations, le coin de quartz est quelquefois taillé de telle sorte que son axe optique soit au 45° du biseau, mais une flèche tracée par le constructeur indique toujours la direction de cet axe.

est remplacée par une teinte grise plus ou moins foncée ; il y a compensation entre la teinte de polarisation de la plaque et celle du biseau. Donc en résumé, dans la position de compensation, l'axe optique du compensateur est parallèle à l'axe d'élasticité maximum de la plaque ($gg$), c'est-à-dire d'indice minimum ($n'_p$).

Remarque. — L'emploi du coin de quartz étant très pratique pour de nombreux cas de forte biréfringence, l'adjonction de cet accessoire au microscope est très recommandable.

### Emploi du mica quart d'onde.

Pour les substances médiocrement biréfringentes, il est également commode d'employer un mica quart d'onde ; c'est une lamelle de mica blanc, obtenue par clivage facile sur la face $p$ (001) et d'une épaisseur telle que les deux rayons polarisés, issus d'un même rayon incident, ont à la sortie du mica une différence de phase d'un quart d'onde ($\lambda/4$ pour la lumière du sodium). On opère comme précédemment. On place les directions d'extinction de la plaque à étudier, ainsi que la trace ($pp$) du plan des axes du mica, à 45° des sections principales des nicols croisés. Les différences de phase produites par la plaque et la lamelle de mica s'ajoutent ou se retranchent, suivant que les axes superposés sont de même signe ou de signe contraire ; par conséquent la teinte de polarisation monte ou baisse.

Supposons que la plaque étudiée donne entre les nicols croisés une teinte jaune. On place une lamelle de mica de façon que la flèche, indiquant la trace du plan des axes ($pp$), soit parallèle à l'une des directions d'extinction $RR$ ou $SS$. Si la teinte de la plaque monte du jaune vers le rouge, c'est que son axe de plus petite élasticité ($n'_g$) est parallèle à celui de petite élasticité du mica (parallèle à la flèche); si la teinte de la plaque descend vers le bleu, c'est que son axe de plus grande élasticité (par conséquent d'indice minimum $n'_p$) est parallèle à celui de plus petite élasticité du mica (parallèle à la flèche).

## 20. Cristaux positifs et négatifs

1). CRISTAUX A UN AXE OP- $\Big\{$ *Cristaux hexagonaux.*
　　　TIQUE : $\phantom{xx}$ *Cristaux tétragonaux.*

On dit que les cristaux à un axe optique sont :

*Positifs* (optiquement), quand la direction de l'axe $c$ est la direction de plus petite élasticité optique, c'est-à-dire

$$\text{quand } \frac{n_e}{n_o} > 1 \quad \text{ou } n_e > n_o ;$$

*Négatifs* (optiquement), quand la direction de l'axe $c$ est celle de plus grande élasticité optique, par conséquent

$$\text{quand } \frac{n_e}{n_o} < 1 \quad \text{ou } n_e < n_o.$$

En observant des faces parallèles ou obliques à l'axe $c$, on

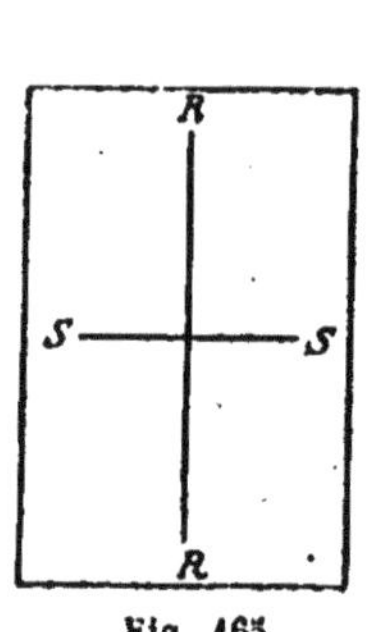

Fig. 165

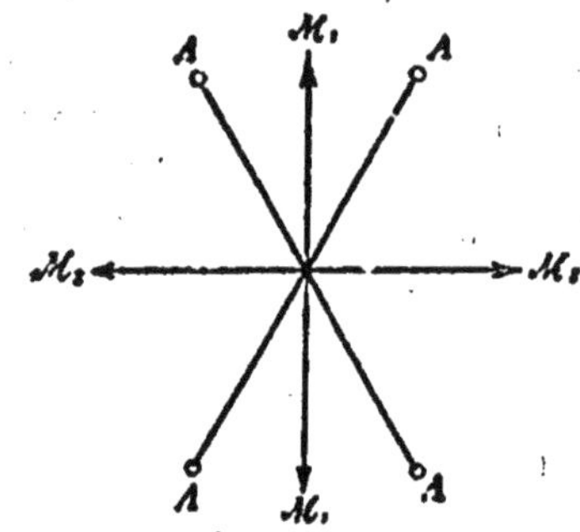

Fig. 166

peut facilement faire cette distinction, au moyen d'une feuille de gypse donnant le rouge de 1er ordre ou d'un coin de quartz. La fig. 165 représente une plaque parallèle à l'axe $c$ et indique la position de la croix d'extinction. Si *RR* est la direction de plus petite élasticité optique (voir paragraphe 19) (plus grand indice $n_e$), le cristal sera biréfringent positivement ; si *RR* est la direction de plus grande élasticité (plus grand indice $n_o$), le cristal sera biréfringent négativement. Par abréviation, on dit que le cristal est positif ou négatif.

### 2). CRISTAUX A DEUX AXES OPTIQUES

Soient $AA$ (fig. 166) les directions des 2 axes optiques. On nomme la surface qui passe par ceux-ci *plan des axes optiques*; la ligne perpendiculaire à ce plan, *normale optique*; la ligne $M_1 M_1$ qui divise également l'angle aigu des axes optiques, 1re *bissectrice* ou *bissectrice aiguë*; la ligne $M_2 M_2$ qui partage l'angle obtus des axes optiques, 2e *bissectrice* ou *bissectrice obtuse*. La 1re et la 2e bissectrice sont naturellement perpendiculaires l'une à l'autre.

Les bissectrices sont toujours les directions de plus petite et de plus grande élasticité optique (par conséquent de plus grand et de plus petit indice). On dit qu'un cristal biaxe est :

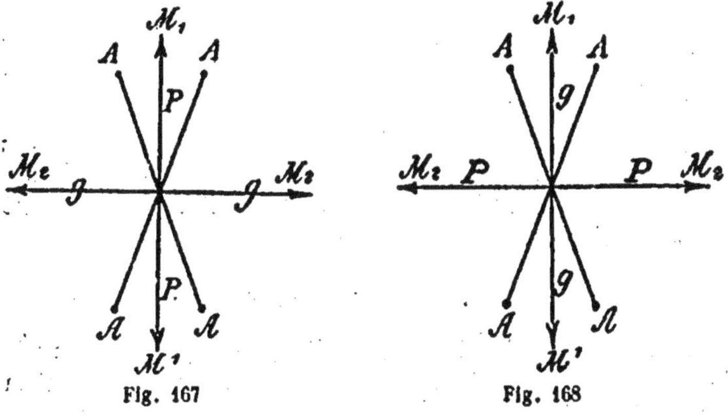


*Positif* (optiquement), quand la bissectrice aiguë (1re) coïncide avec l'axe de plus petite élasticité optique $pp$, c'est-à-dire de plus grand indice $n_g$;

*Négatif* (optiquement), quand la bissectrice aiguë (1re) a la direction de l'axe de plus grande élasticité optique $gg$, c'est-à-dire de plus petit indice $n_p$.

Sur une plaque parallèle au plan des axes optiques (fig. 167, 168), les directions de vibration (directions d'extinction) concordent toujours avec la direction des bissectrices; on peut donc reconnaître, à l'aide d'une feuille de gypse donnant le rouge de 1" ordre, quelle bissectrice est la direction de plus petite élasticité (ou d'indice maximum $n_g$), quelle bissectrice est la direction de plus grande élasticité optique (ou d'indice minimum $n_p$).

## 21. Variation de l'intensité de la biréfringence avec la direction

1). Cristaux uniaxes : { *Cristaux hexagonaux.* *Cristaux tétragonaux.*

Si on regarde à travers un cristal uniaxe dans la direction de l'axe $c$ (axe optique), on ne constate aucune biréfringence. Biréfringence nulle $(n_g\text{-}n_p = 0)$. Si la lumière traverse le cristal perpendiculairement à l'axe $c$, les deux rayons produits par biréfringence ont la plus grande différence possible, quant à leur vitesse de propagation ; par conséquent, l'intensité de la biréfringence est maximum. Entre ces deux extrêmes (direction parallèle et direction perpendiculaire à l'axe optique), existent des valeurs intermédiaires, passant insensiblement de l'une à l'autre.

## 2). Cristaux biaxes

Le plus grand écart dans la vitesse de propagation des deux rayons résultant de la biréfringence, par conséquent la plus forte biréfringence, se produit sur les faces parallèles au plan des axes optiques, car les deux rayons lumineux vibrent alors parallèlement à l'axe de plus grande élasticité $(gg)$ et de plus petite élasticité optique $(pp)$ (en valeur absolue) (fig. 167-168). La biréfringence $(n_g\text{-}n_p)$ est alors maximum.

Dans le cas d'une très forte biréfringence, l'emploi de la méthode d'immersion (p. 72) permet de reconnaître la vitesse de propagation variable suivant les directions (ou la réfrangibilité variable qui en dépend, par conséquent les indices de réfraction variables). Si on plonge un corps solide incolore

dans un liquide de réfrangibilité à peu près égale, le
contour du corps immergé disparaît. Dans le cas d'une très
forte biréfringence, les indices de réfraction de la substance
sont éloignés l'un de l'autre, aussi n'y a-t-il naturellement
aucun liquide capable de produire l'effet cherché, puisque le
même corps possède différentes réfrangibilités. Les fig. 169
et 170 représentent une substance très fortement biréfringente, par exemple une lame de calcite parallèle à l'axe $c$. Le
rayon extraordinaire $e$, vibrant suivant $RR$ a un indice de réfraction $n_e = 1{,}4863$ pour la lumière du sodium ; le rayon

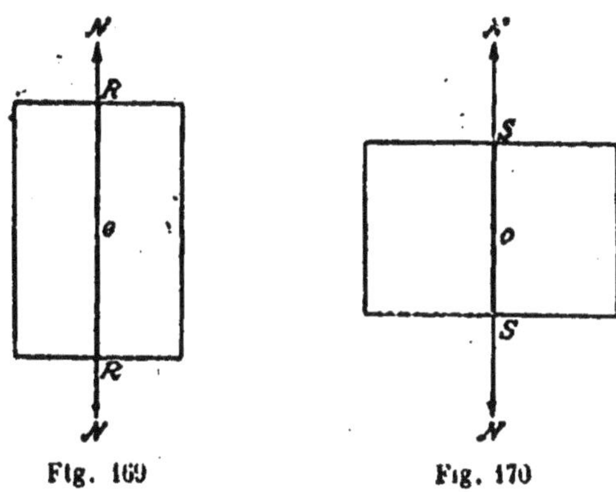


Fig. 169          Fig. 170

ordinaire $o$ vibrant parallèlement à $SS$ un indice $n_o = 1{,}6585$
pour la même lumière du sodium. On peut maintenant utiliser seulement le rayon $o$ ou $e$, en envoyant à la plaque, non
pas de la lumière naturelle, mais de la lumière polarisée rectilignement. Supposons cette plaque placée sur la platine du
microscope, en même position que dans la fig. 169 ; le polariseur situé sous la platine envoie de la lumière qui vibre
dans le plan $NN$, allant d'avant en arrière par exemple. Cette
lumière traverse la plaque parallèlement à $RR$ ; c'est le rayon
extraordinaire $e$. Dans ce cas, un liquide d'indice $n = 1{,}4863$
conviendrait pour ce cristal. Mais si on tourne la plaque
de 90° (fig. 170), la vibration $NN$ arrivant au cristal le traverse parallèlement à $SS$ ; c'est alors le rayon ordinaire $o$.

Le liquide d'immersion ne convient plus et le contour de la préparation apparaît de nouveau. Il faudrait maintenant employer un liquide d'indice $n = 1,6385$.

Ces fortes biréfringences ne sont pas fréquentes.

L'intensité de la biréfringence est exprimée par la différence des indices. Si cette différence est $\geqq 0,040$, la biréfringence est forte et les plaques (pour une épaisseur et une orientation données) montrent une teinte élevée de l'échelle de Newton. Si cette différence est $\leqq 0,010$, la biréfringence est faible et la teinte peu élevée.

## 22. Diagnose d'une très faible biréfringence

Habituellement, on reconnaît la présence de la biréfringence à l'éclairement ou aux couleurs qu'un cristal fait naître dans le champ de vision obscur des nicols croisés. Pour une biréfringence très faible, l'éclairement est peu important et échappe fort bien à l'œil. Un puissant éclairage est utile en pareil cas. Il vaut encore mieux employer une feuille de gypse de rouge de 1" ordre ou un quartz teinte sensible. Celle-ci donne à elle seule une teinte de polarisation rouge, qui se change très manifestement en bleu ou en jaune, quand la biréfringence, même très faible, d'un autre corps s'unit à celle du gypse. Donc, si on a affaire à des cas de biréfringence douteuse, on intercale sur le chemin des rayons la feuille de gypse, soit sur l'objectif, soit sous l'analyseur quand ce dernier est monté au-dessus de l'oculaire, de façon à colorer le champ de vision de sa teinte rouge de polarisation. On pose la préparation à étudier sur la platine et on observe, en faisant tourner cette dernière, tout changement de la teinte de polarisation du gypse. Il n'est pas rare de constater ainsi que les verres porte-objets sont déjà eux-mêmes faiblement biréfringents, ce qui est dû à des tensions occasionnées par un mauvais refroidissement. De tels porte-objets sont à rejeter pour les études optiques des cristaux.

## 23. Aspect des mâcles en lumière polarisée

Comme les 2 individus d'une mâcle ne sont pas allongés parallèlement l'un à l'autre, ils se séparent le plus souvent d'une manière très nette au point de vue optique, quand il y a biréfringence, spécialement par la position différente de la croix d'extinction dans les deux cristaux. Ainsi la mâcle de la fig. 171 se reconnaît immédiatement par l'observation en lumière polarisée. Si, par exemple, dans une section à travers une mâcle (fig. 172), l'individu *I* est amené en position d'extinction, *II* paraît encore clair et réciproquement. Si la section étudiée est perpendiculaire au plan de mâcle, l'extinction des deux individus se fait symétriquement par rapport à ce plan de mâcle (fig. 172), sinon dissymétriquement.

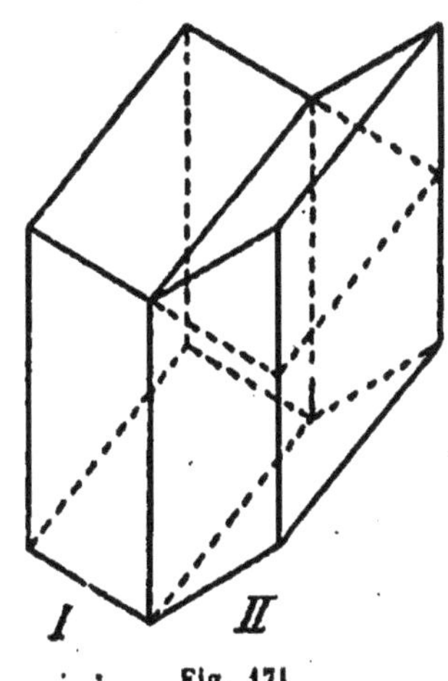

Fig. 171

La fig. 173 montre une section oblique de la mâcle représentée fig. 171.

On rencontre parfois ce qu'on appelle une *mâcle polysynthétique*, c'est-à-dire qu'un très grand nombre d'individus se sont unis en se mâclant. Pour déterminer quels individus sont parallèles, on emploie surtout la feuille de gypse donnant le rouge de 1" ordre. Si deux individus sont parallèles, non seulement leurs directions d'extinction doivent coïncider, mais, en outre, les teintes produites par l'intercalation de la feuille de gypse doivent concorder dans les deux individus pendant une rotation complète de la platine.

Par superposition d'un individu à un autre en position de mâcle, il peut se produire, au point de vue optique, une sup-

7.

pression des phénomènes normaux de biréfringence; il peut
en particulier y avoir des extinctions indéterminées ou une
clarté constante du complexe-mâcle. Quand la faible dimension

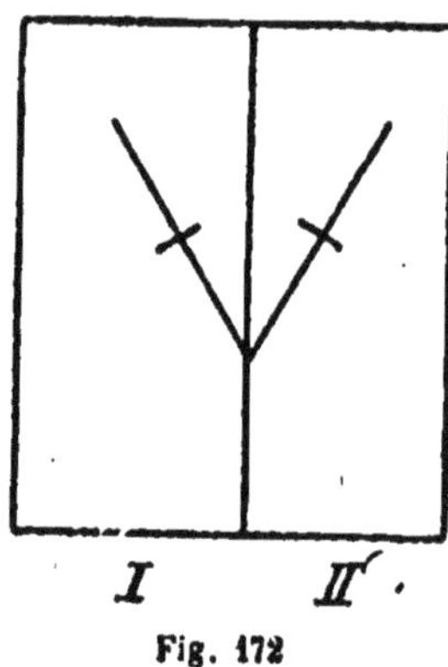
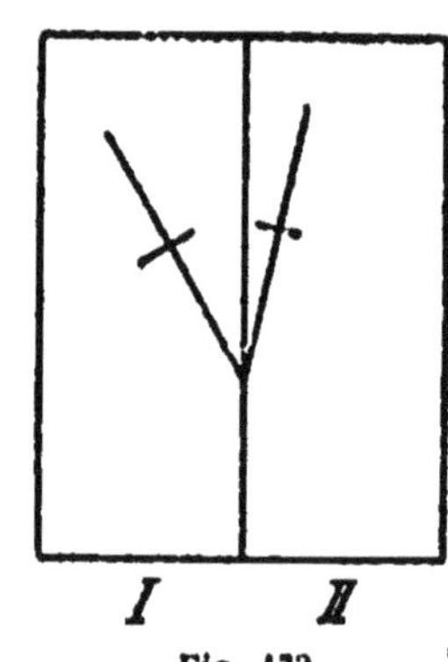

Fig. 172            Fig. 173

des cristaux ne s'y oppose, on peut isoler un individu de
l'autre par usure, et on obtient alors les phénomènes normaux.


## 24. Pléochroïsme

Dans les substances biréfringentes colorées, les couleurs
varient, de même que les vitesses de la lumière, avec la direction et le plan de vibration de celle-ci.

On peut parfois constater des différences de couleur très
marquées par le passage de la lumière à travers les diverses
faces du cristal. Par exemple, quand on regarde un corps
rhombique dans la direction des 3 axes $a$, $b$, $c$ (par conséquent dans 3 directions à angle droit les unes par rapport
aux autres), on voit apparaître les couleurs bleu-vert, jaune
et bleu (fig. 174). Comme 2 rayons lumineux vibrant perpendiculairement l'un à l'autre proviennent de chacune de ces
3 faces, on peut encore décomposer ces couleurs des faces en
2 vibrations et étudier séparément l'une d'elles.

Plaçons, par exemple, sur la platine du microscope une plaque colorée rhombique, parallèle au pinacoïde antérieur (*h'*) (fig. 175), et, au moyen du polariseur, envoyons sur la plaque de la lumière vibrant parallèlement à *NN* ; celle-ci traverse entièrement la plaque, puisque c'est une vibration parallèle à *cc* ; la plaque paraît verte par exemple. Tournons celle-ci de 90° (fig. 176) ; toute la lumière venant du polariseur et vibrant suivant *NN* la traverse parallèlement à *bb* ; la plaque paraît alors bleue. On constate donc de fortes différences de coloration d'après la direction de vibration. On observerait de même sur le pinacoïde latéral (*g'*) et sur la base (*p*) des couleurs différentes, d'après les diverses directions de vibration de la lumière.

Le pléochroïsme existe souvent et est facile à observer de

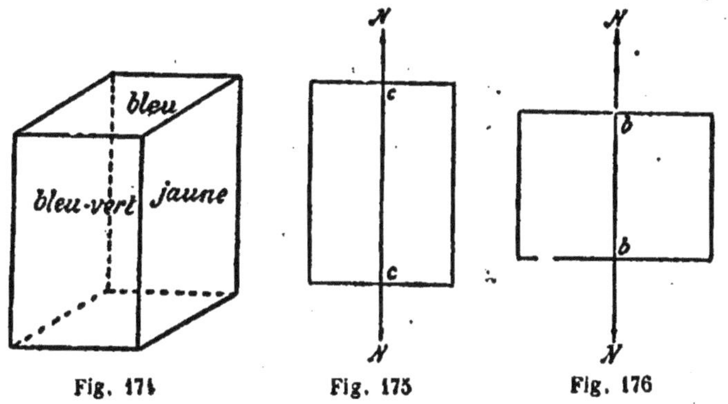


Fig. 174          Fig. 175          Fig. 176

la façon indiquée, à l'aide du microscope muni seulement du polariseur, c'est-à-dire sans analyseur.

REMARQUE 1. — Les corps isotropes (corps amorphes et cristaux du système régulier) ne montrent aucun pléochroïsme.

REMARQUE 2. — Le pléochroïsme n'existe que sur les corps anisotropes, car eux seuls présentent des différences optiques dans les diverses directions. Naturellement on ne doit attendre des différences de coloration suivant le plan de vibration que des lames biréfringentes. Il va de soi qu'aucun pléochroïsme ne se manifeste dans la direction de l'axe optique des cristaux uniaxes, par suite de l'absence de biréfringence dans cette direction.

## 25. Polarisation circulaire ou rotatoire. Généralités

Le nom de lumière polarisée circulairement repose sur la notion théorique que les vibrations de cette lumière se font en cercle.

Les considérations suivantes suffiront à expliquer les phénomènes dont il est question ici.

Certaines substances, cristallisant dans le système régulier, par exemple le chlorate de sodium, de même qu'un certain nombre de cristaux uniaxes, ont la propriété de faire tourner le plan de polarisation d'une lumière polarisée rectilignement qui les traverse. Parmi les cristaux qui se trouvent dans ce cas, ceux du système régulier ont cette particularité dans toutes les directions ; les cristaux uniaxes l'ont seulement dans la direction de l'axe $c$. Si de la lumière jaune polarisée rectilignement et vibrant parallèlement à $NN$ (fig. 177), par exemple, pénètre dans une plaque douée du pouvoir rotatoire (comme une plaque de quartz parallèle à la base), on trouve que le plan de vibration de la lumière qui en sort a tourné, de sorte que ce plan n'est plus parallèle à $NN$, mais à $N'N'$ par exemple, d'où le nom de *polarisation rotatoire*. Soit $\alpha$ l'angle de rotation pour une plaque épaisse de 1 mm. et pour la lumière du sodium, une plaque de la même substance épaisse de 2 mm. fait tourner le plan de $2\alpha$ et ainsi de suite.

## 26. Diagnose de la polarisation rotatoire

Supposons que la lumière incidente polarisée rectilignement par un nicol et arrivant à la plaque vibre suivant $NN$ (fig. 177). Si la plaque n'était pas là, un nicol dont le plan de vibration est parallèle à $N_1N_1$ éteindrait la lumière provenant du premier nicol ; le champ de vision apparaîtrait obscur. Par interposition d'une plaque possédant le pouvoir rotatoire, les vibrations arrivant au deuxième nicol deviennent parallèles à $N'N'$. Pour les annuler, il faut naturellement placer $N_1N_1$ perpendiculairement à ces vibrations $N'N'$ et par conséquent tourner l'analyseur de l'angle $\alpha$, c'est-à-dire l'amener en $N'_1N'_1$. La plaque intercalée paraîtra donc claire entre les nicols croisés et ne deviendra sombre que si on tourne le nicol supérieur, l'analyseur, de l'angle correspondant $\alpha$. La grandeur de cet angle se lit sur une graduation mobile au bord du deuxième nicol (fig. 149).

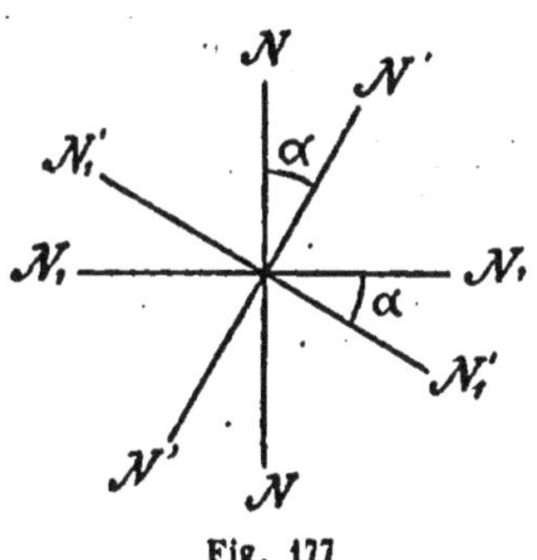


Fig. 177

Pour avoir des résultats nets, il faut avoir soin que la lumière tombe normalement sur la plaque. La lumière sera convenablement dirigée en employant pour l'éclairage le miroir plan et en enlevant la lentille qui se trouve habituellement sur le polariseur. On se sert d'un objectif faible.

## 27. Dispersion des couleurs par polarisation rotatoire

L'angle de rotation $\alpha$ est de grandeur très différente pour les différentes sortes de lumière. Pour une plaque de quartz épaisse de 1 mm., $\alpha$ s'élève à 19° pour le rouge, 24° pour le jaune, 41° pour le violet.

Par suite de cette variabilité de $\alpha$ pour les différentes lumières, on ne peut jamais obtenir l'extinction totale d'une plaque possédant le pouvoir rotatoire, quand on emploie la lumière du jour ou celle d'une lampe ; en effet, si on annule les rayons rouges par exemple, par une position appropriée de l'analyseur, d'autres sortes de lumière traversent encore ce dernier. La plaque est colorée et sa couleur change par la rotation du nicol supérieur.

Plaçons le plan de vibration de l'analyseur suivant *RR*, comme dans le cas de la fig. 178, sur laquelle sont représentées les diverses rotations des plans de vibration pour un certain nombre de couleurs ; les rayons rouges parviennent alors à l'œil. Tournons l'analyseur jusqu'en *JJ*, la plaque apparaît jaune ; tournons jusqu'en *VeVe*, on la voit verte, et ainsi de suite.

## 28. Rotation à droite et à gauche

Les cristaux d'une même substance douée du pouvoir rotatoire se partagent en 2 catégories : *dextrogyres, lévogyres.* Les cristaux de la première catégorie font tourner le plan de la lumière polarisée vers la droite, ceux de la deuxième ca-

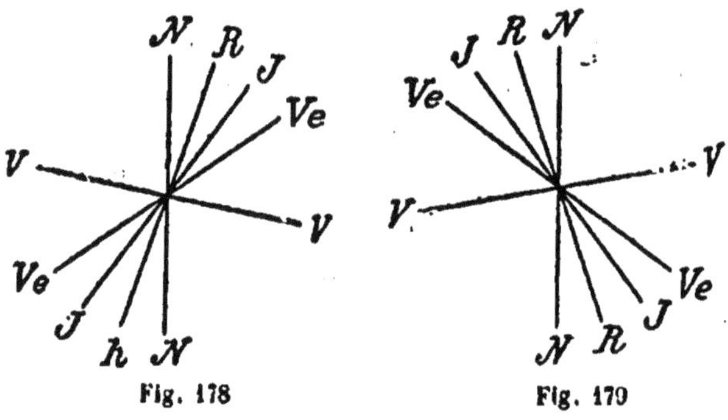

Fig. 178        Fig. 179

tégorie vers la gauche, mais d'ailleurs de la même quantité pour une même épaisseur de la plaque. Il y a, par suite, des quartz dextrogyres et des quartz lévogyres. Les fig. 178 et 179 représentent : l'une la rotation à droite, l'autre la rotation à gauche ; on voit que le plan de vibration pour le rouge, par exemple, a tourné à droite dans la fig. 178, à gauche dans la fig. 179.

Employons la lumière du jour ou celle d'une lampe ; pour obtenir la suite des couleurs dans le sens du spectre (c'est-à-dire dans l'ordre de succession : rouge, jaune, vert, bleu), il faut, dans le cas de la fig. 178, faire tourner le nicol supérieur vers la droite à partir de la position *RR* (dans laquelle la plaque paraît rouge), tandis que, dans la fig. 179, cette rotation doit avoir lieu de *RR* vers la gauche, si on veut obtenir la même succession de couleurs de part et d'autre. Ce caractère sert à distinguer immédiatement les substances dextrogyres et lévogyres.

## EXAMEN EN LUMIÈRE POLARISÉE CONVERGENTE

### 29. Nature de l'examen en lumière polarisée convergente

Dans les études optiques envisagées jusqu'ici, il a été admis que des rayons lumineux parallèles traversent la plaque

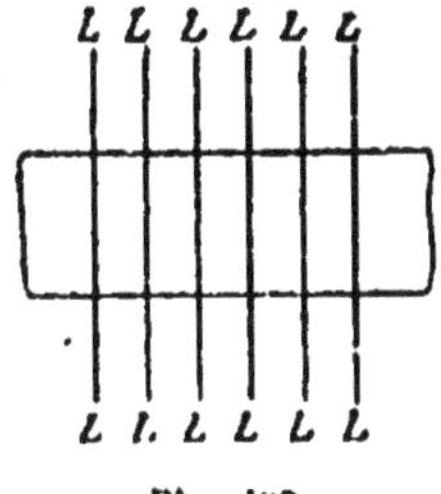


Fig. 180

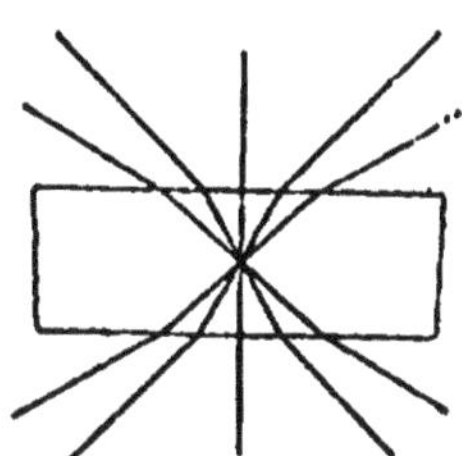

Fig. 181

étudiée (fig. 180). On constate alors les propriétés optiques du corps considéré dans cette direction unique *LL* (Examen en lumière parallèle). Mais on peut aussi facilement, à l'aide de lentilles, faire traverser la plaque par tout un cône de lumière (fig. 181). On peut ainsi, d'un seul regard, embrasser les propriétés optiques, non seulement suivant la normale à la plaque, mais aussi dans toutes les autres directions comprises à l'intérieur du cône lumineux (Examen en lumière convergente).

## 30. Méthodes d'observation au moyen du microscope modifié

Le constructeur fournit une lentille condensatrice qui s'adapte au microscope et permet de l'employer aux études en lumière polarisée convergente ; cette lentille se fixe au-dessus du nicol inférieur, en outre de la lentille d'éclairement qui s'y trouve déjà. Dans les microscopes perfectionnés, il existe un dispositif très commode permettant de mettre et d'ôter cette lentille sans déplacer la préparation (fig. 109').

On se sert en outre d'un objectif puissant (par exemple 7 de Nachet)(1). On peut opérer de diverses façons. Ou bien on observe simplement les phénomènes au moyen d'une loupe placée sur l'oculaire, ou bien on enlève l'oculaire et on regarde dans le tube du microscope, qui est alors ouvert par le haut, l'analyseur étant intercalé dans le tube ou placé au dessus. Enfin on peut également laisser l'oculaire dans le tube et ajouter une deuxième lentille condensatrice en dessous de lui. Avec les microscopes simples, tels que ceux que le chimiste a le plus souvent à sa disposition, il est préférable d'employer la méthode indiquée en deuxième lieu (condensateur sur le polariseur, objectif puissant, enlèvement de l'oculaire). Les figures d'interférence sont alors, à la vérité, petites, mais très nettes.

(1) L'objectif 4 est parfois suffisant, en particulier avec les substances très biréfringentes ou avec les plaques épaisses.

## 31. Conduite des corps transparents en lumière polarisée convergente

Dans le champ obscur des nicols croisés, les corps transparents se conduisent alors comme il va être indiqué dans le paragraphe suivant.

### I. — Corps isotropes (*corps amorphes et cristaux du système régulier*)

Ils sont monoréfringents dans toutes les directions. Un éclairement du champ de vision avec les nicols croisés est donc impossible en lumière polarisée convergente : obscurité constante pendant une rotation entière de la platine.

### II. — Cristaux anisotropes

1). CRISTAUX A UN AXE OPTIQUE : $\left\{ \begin{array}{l} \textit{Cristaux hexagonaux.} \\ \textit{Cristaux tétragonaux.} \end{array} \right.$

Dans ce cas, les plaques parallèles à la base (normales à l'axe optique) sont particulièrement caractéristiques.

L'axe optique (axe *c*) est la direction de réfraction simple. On ne peut donc distinguer les corps amorphes et les cristaux du système régulier (isotropes dans toutes les directions) des cristaux à un axe optique, quand la lumière traverse ces derniers suivant l'axe optique (lumière parallèle). En lumière polarisée convergente, les plaques parallèles à la base sont traversées, non seulement par les rayons suivant l'axe optique, mais aussi par ceux qui s'écartent de cet axe. Ces derniers montrent des phénomènes de biréfringence qui accusent immédiatement une différence vis-à-vis des plaques isotropes dans toutes les directions.

Les cristaux uniaxes montrent sur les plaques parallèles à la base, en lumière monochromatique, la figure d'interférence représentée fig. 182: une croix noire avec des anneaux concentriques noirs sur un fond clair de la couleur de la lumière employée.

Voici une explication du phénomène. Imaginons que la plaque, représentée en perspective (fig. 184), soit coupée normalement à ses faces planes, de façon que la section ainsi

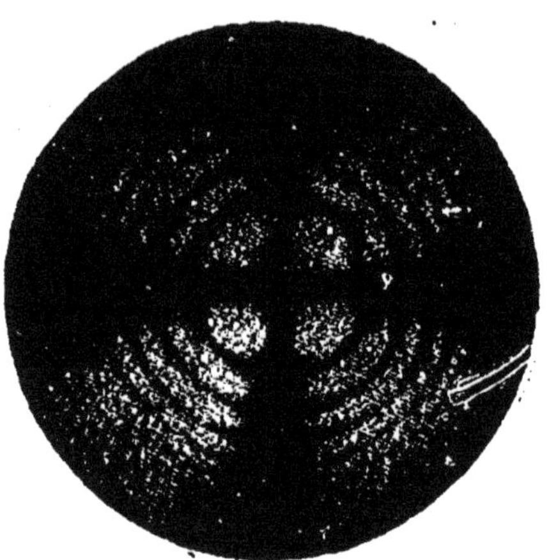

Fig. 182

faite (fig. 183) passe par le centre de la croix noire et soit en plus à 45° des bras de la croix visible sur la fig. 182. Les rayons qui traversent la plaque suivant la verticale $L$ se propagent dans la direction de l'axe optique et ne manifestent, par suite, aucune biréfringence. Donc, dans ce cas, les nicols étant croisés, l'obscurité doit régner au centre de la plaque, comme en lumière polarisée parallèle. Les rayons qui s'écartent de la direction de l'axe optique sont doublement réfractés ; des phénomènes d'interférence (affaiblissement, renforcement ou extinction de la lumière) doivent donc se manifester. D'autre part, la biréfringence doit devenir d'autant plus forte que l'inclinaison des rayons par rapport à l'axe optique devient plus grande.

La direction $La$ peut précisément convenir pour une ex-

tinction ; un point sombre apparaîtra donc sur la plaque
en $a$. La même chose se reproduira à gauche en $La'$. La pro-
chaine extinction aura lieu en $b$ et $b'$, où apparaîtront des

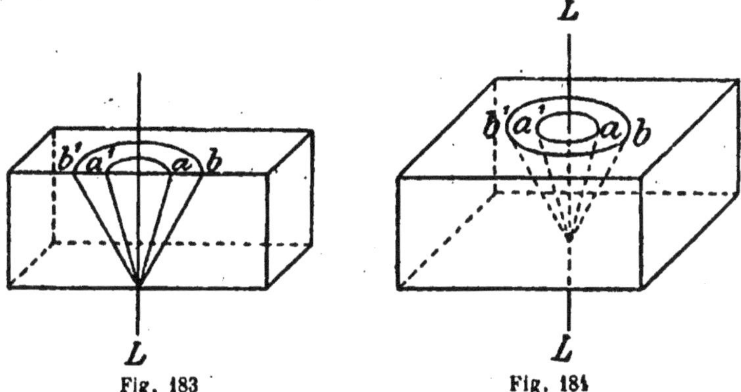

Fig. 183             Fig. 184

points sombres, et ainsi de suite. Mais toutes les lignes également
inclinées sur $L$ sont de même valeur que $La$ et $La'$.
Les points sombres correspondants se disposent donc côte à

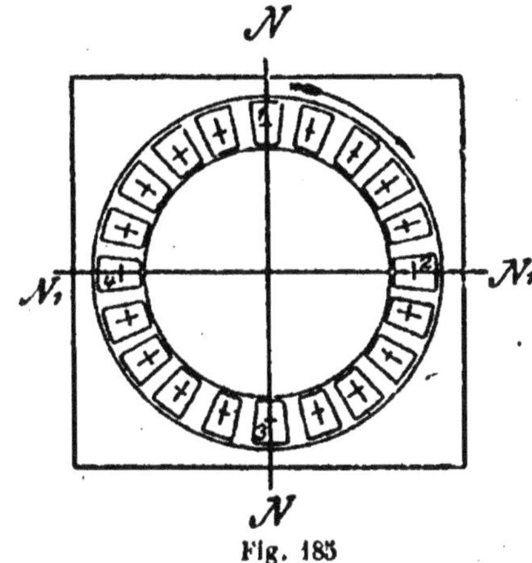

Fig. 185

côte sur la plaque, pour former un cercle allant de $a$ vers $a'$
(fig. 183-184). La même chose se répète suivant un second
cercle de $b$ en $b'$, et ainsi de suite. D'après cela, on doit donc

s'attendre à voir autour du centre sombre des systèmes d'anneaux concentriques sombres, entre lesquels règnent des anneaux clairs se fondant avec les cercles sombres. En effet, il doit se produire par interférence, non seulement une extinction ou un renforcement maximum, mais aussi des affaiblissements de lumière.

Reste enfin à expliquer la croix noire. On peut imaginer les surfaces comprises entre les anneaux sombres divisées en secteurs très petits, comme dans la fig. 185. Dans les différentes parties du cercle, ces petits secteurs doivent se comporter comme un secteur unique que l'on déplacerait d'une position en une autre, comme l'indique la flèche. Un tel champ, se mouvant en cercle entre deux anneaux sombres, se conduirait (entre les nicols croisés) comme une plaque tournant dans son plan, en lumière polarisée parallèle, c'est-à-dire qu'il serait, en général, clair, mais deviendrait sombre en quatre positions pendant une rotation complète. Ces extinctions se produisent en effet dans les positions 1, 2, 3, 4, où doit régner l'obscurité. Puisque les conditions sont les mêmes pour tous les points correspondants situés entre tous les anneaux sombres, ces derniers doivent être traversés par une croix noire, orientée suivant les directions de vibration des nicols $NN$ et $N_1N_1$.

L'inclinaison des directions $La$, $Lb$, etc., pour lesquelles a lieu l'extinction des deux rayons lumineux dus à la biréfringence, est naturellement de grandeur variable pour les différentes couleurs, ou, ce qui revient au même, la distance des $1^{er}$, $2^e$, $3^e$, etc. anneaux sombres au centre du phénomène d'interférence varie avec la couleur. Pour les rayons verts, l'anneau sera plus étroit que pour les rayons rouges. Donc, si on emploie la lumière du jour, immédiatement à partir du centre viendra un anneau sombre pour le vert (fig. 186) qui, par conséquent, sera coloré en rouge, puisque le rouge n'est pas encore éteint en ce point. Vers l'extérieur s'ajoutera un cercle sombre pour le rouge, qui paraîtra coloré en vert, puisque le vert n'y est pas éteint. Les anneaux paraîtront donc colorés, rouges à l'intérieur, verts à l'extérieur.

Pour une épaisseur donnée de la plaque, la largeur des anneaux dépendra de l'intensité de la biréfringence de la substance employée. Pour les corps très fortement biréfringents,
les rayons qui ne s'éloignent que peu de la direction de l'axe
optique acquerront déjà une
différence de marche suffisante pour produire une
extinction ; ce phénomène se
répètera bientôt une deuxième, une troisième fois, etc.,
pour une inclinaison crois-
sante des rayons lumineux
par rapport à l'axe optique,
c'est-à-dire que les anneaux
apparaîtront nombreux et
étroits. Pour les corps faiblement biréfringents, les

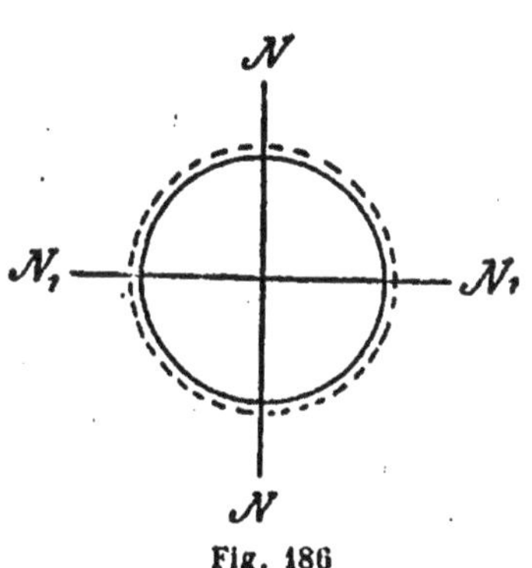



Fig. 186

anneaux seront, au contraire, rares et éloignés les uns des
autres. Avec des plaques minces, comme celles utilisées pour
l'étude des roches au microscope, la croix noire se montre
seule sans aucun anneau, quand les substances ne sont que
faiblement biréfringentes.

## 2.) CRISTAUX A DEUX AXES OPTIQUES

La fig. 187 est un schéma montrant les deux axes optiques
$AA$, la première bissectrice (aiguë) $M_1M_1$, la deuxième bissectrice (obtuse) $M_2M_2$, partageant les angles des axes optiques.
En lumière polarisée convergente, les sections perpendiculaires à la première ou à la deuxième bissectrice sont particulièrement caractéristiques. Les fig. 188 et 189 sont des exemples
du système d'interférence visible autour de la bissectrice
aiguë. Des courbes, peu différentes de cercles et comparables
à celles observables chez les cristaux uniaxes, entourent tout
d'abord les axes optiques. Des lemniscates s'y joignent en
outre vers le centre. Dans la fig. 188, une croix noire ayant
un bras étroit et un bras très large traverse les courbes. On

obtient cette image quand la section principale d'un nicol coïncide avec le plan des axes optiques (position normale). Si on tourne de 45°, on obtient le phénomène représenté fig. 189. On y reconnaît le système de lemniscates, qui est

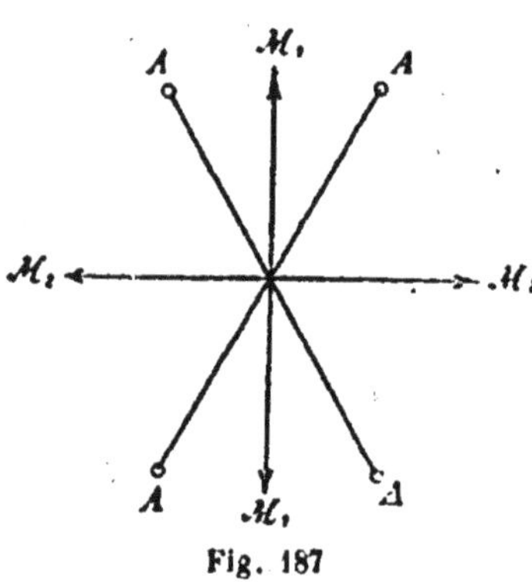

Fig. 187

coupé par deux branches d'hyperbole, dont les sommets indiquent les points de sortie des axes optiques (position diagonale). Quand on emploie la lumière du jour ou celle d'une lampe, les courbes sont colorées.

L'écart des axes optiques sur la figure donne une mesure de la grandeur de l'angle des axes optiques. Si on possède un oculaire muni d'une graduation (micromètre oculaire), on peut s'en servir pour mesurer la grandeur de l'angle des axes optiques, à la

Fig. 188

condition d'établir préalablement la valeur de cette graduation à l'aide d'une préparation pour laquelle on connaît cet angle des axes. On peut, dans ce but, utiliser une lamelle de clivage d'anhydrite normale à la bissectrice aiguë, pour laquelle l'angle des axes optiques s'élève à 71° 1/2 dans l'air (1).

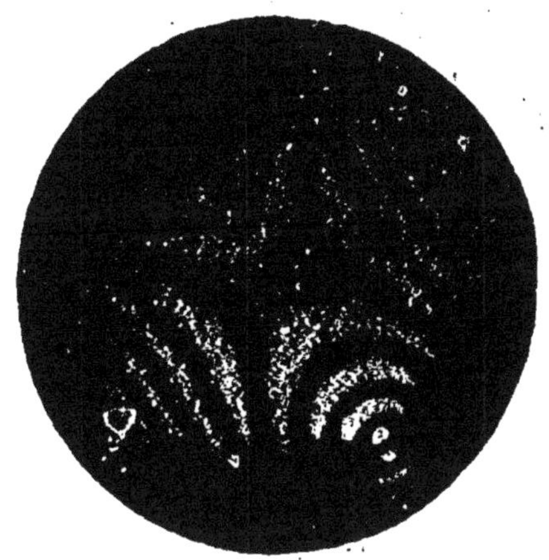

Fig. 189

Avec une section normale à la bissectrice obtuse, on obtient une image semblable à la première ; néanmoins le système d'interférence observable ne s'étend pas jusqu'aux axes optiques, car l'angle de ceux-ci de part et d'autre de la bissectrice est trop grand pour qu'ils apparaissent, dans l'air, à l'intérieur du champ de vision.

Des sections normales à un axe optique d'un cristal biaxe donnent aussi une figure d'interférence très caractéristique. (Schéma, fig. 191). Elle se distingue déjà nettement de l'image normale à l'axe optique d'un cristal uniaxe par la présence d'une barre sombre, qui se meut, par rotation de

. (1) Il s'agit dans ces études, non de l'observation de l'angle des axes dans le cristal, mais de l'angle que font, après leur sortie dans l'air, les rayons ayant traversé le cristal dans la direction des axes optiques (fig. 190). Naturellement cette grandeur est aussi constante et caractéristique.

la préparation sur la platine en sens inverse de cette rotation.

Des sections menées dans d'autres directions à travers un cristal uniaxe ou biaxe donnent naturellement aussi des figures d'interférence qu'on peut très bien utiliser pour

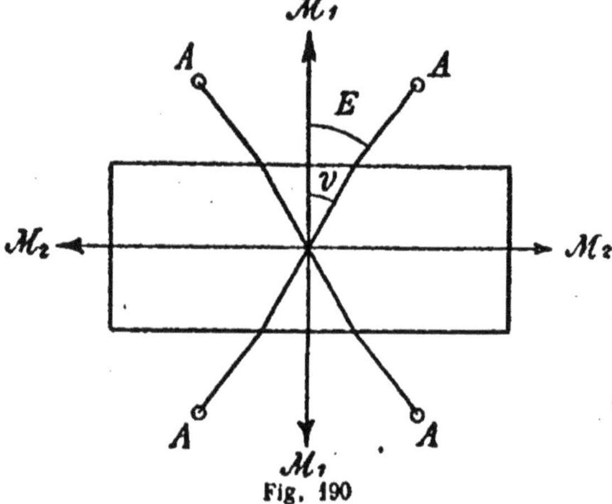

Fig. 190

la détermination du système cristallin. Il faut se rappeler que leur symétrie reproduit la symétrie optique des faces cristallines considérées. On peut donc, par des observations

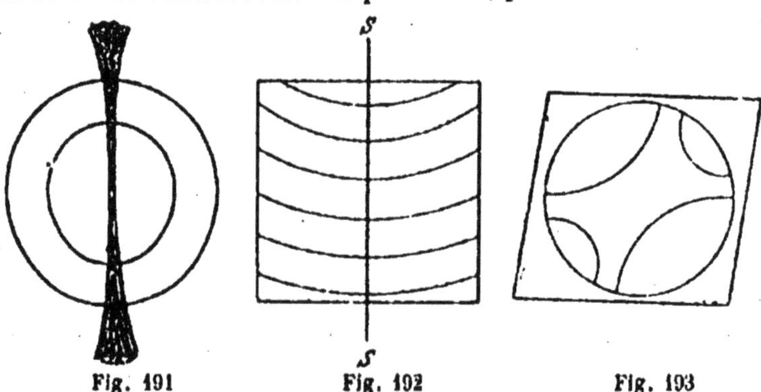

Fig. 191      Fig. 192      Fig. 193

sur différentes faces, arriver à une conclusion quant au système cristallin. Une image d'interférence, comme celle de la fig. 192 par exemple, démontre que la face est symétrique par rapport à la direction du plan *SS*.

Il faut être particulièrement attentif à la figure d'interférence produite sur le pinacoïde latéral ($g^1$) des cristaux monocliniques. Elle est constamment centrée (¹), par suite de la circonstance que la normale au plan de symétrie géométrique et en même temps au plan de symétrie optique (l'axe $b$) est perpendiculaire au pinacoïde ($g^1$). D'ailleurs la figure est disposée d'une façon quelconque par rapport aux bords de la plaque (naturellement en une position définie pour une substance déterminée) (fig. 193).

Dans le système triclinique, on ne peut attendre un système de courbes centré sur aucune face, pas même sur le pinacoïde latéral. Pour les cristaux rhombiques, le système de courbes sur les pinacoïdes est non seulement centré, mais en outre partagé symétriquement par 2 plans de symétrie perpendiculaires à ces faces.

## 32. Dispersion des axes optiques

L'angle des axes optiques varie plus ou moins avec la couleur de la lumière. Tantôt l'angle qui comprend la bissectrice aiguë est plus grand pour les rayons rouges que pour les rayons bleus, tantôt c'est l'inverse. Chaque substance a cependant ses rapports déterminés. On possède ainsi dans cette dispersion, dans cette séparation des axes optiques pour les différentes couleurs, un nouveau caractère pour reconnaître les substances biaxes. La

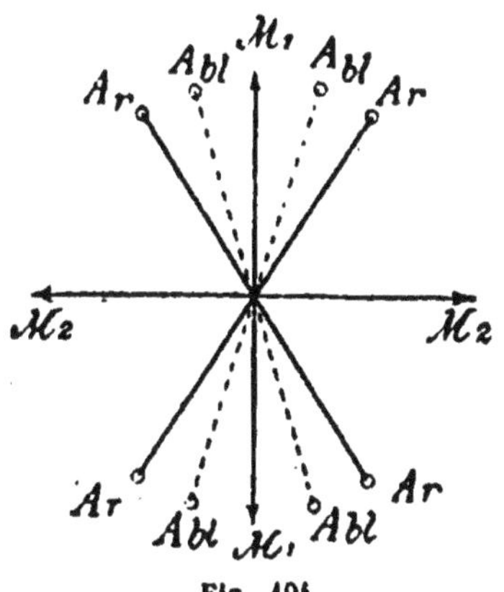

Fig. 194

fig. 194 représente schématiquement le cas, où l'angle en

(1) C'est-à-dire que le centre du système de courbes coïncide avec le centre du champ de vision.

question, comprenant la bissectrice aiguë $M'$, est plus grand pour le rouge que pour le bleu ($R > Bl$) ; la fig. 197, le cas opposé ($R < Bl$). Autour de la bissectrice obtuse $M'$, la dis-

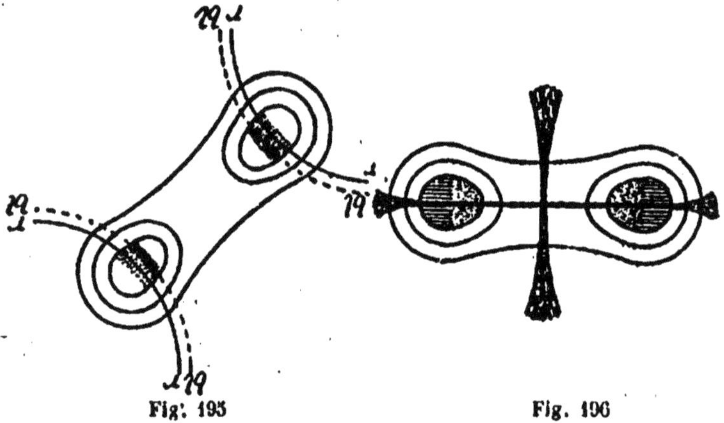

Fig. 195          Fig. 196

persion est naturellement inverse. Dans les figures d'axes, le sens de la dispersion se manifeste par la répartition des couleurs près des axes optiques, quand on observe en lu-

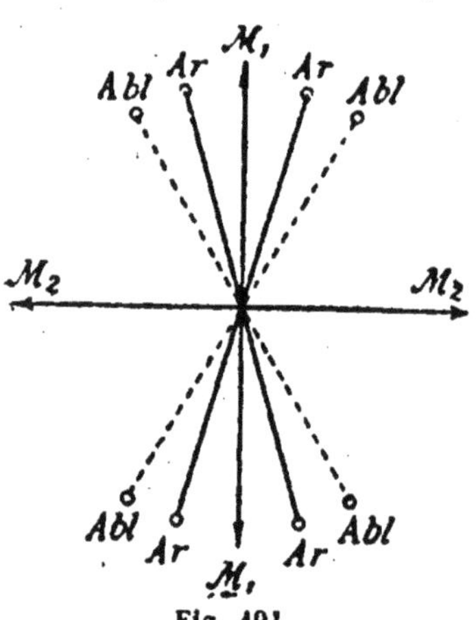

Fig. 191

mière composée. On peut employer pour cette détermination la position normale ou la position diagonale. Dans la position normale (fig. 195), on constate autour des axes, dans les deux anneaux intérieurs, que le vert ou le bleu (ponctué) se trouve vers le centre de l'image, près de la barre sombre, et le rouge (barré) vers l'extérieur. Dispersion : $R > Bl$. Dans la position diagonale (fig. 196), et pour le même cas, la répartition des couleurs au sommet des branches de l'hyperbolé permet de constater que l'angle des axes est plus grand pour

les rayons rouges que pour les rayons bleus. Dans cette
position, le rouge est situé à l'intérieur, c'est-à-dire là où se
trouve l'hyperbole obscure pour le vert (bleu), et réciproquement le vert à l'extérieur, c'est-à-dire là où se dessinerait
l'hyperbole obscure pour le rouge. Dans la position diagonale, la conclusion tirée de la succession des couleurs est
donc inverse de celle que fournit la position normale. Dans

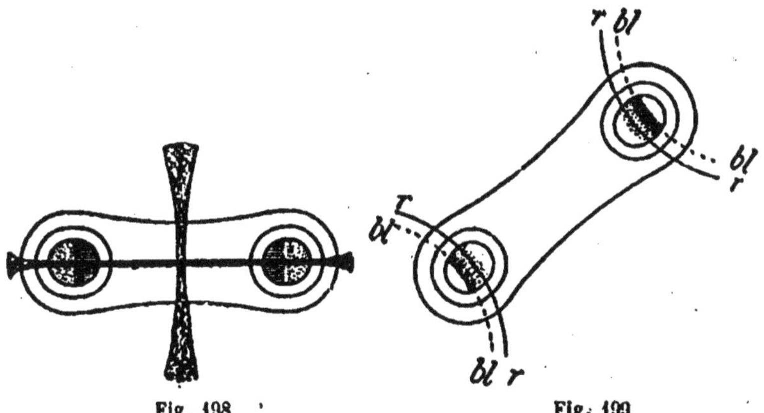


Fig. 198          Fig. 199

le cas d'une dispersion $R < Bl$ (fig. 197, 198, 199), on a une
disposition des couleurs inverse de celle qu'on observe dans
le cas cité précédemment, où $R > Bl$.

Les dispersions des axes optiques se produisent aussi bien
dans le système rhombique que monoclinique ou triclinique.


### 33. Position du plan des axes optiques dans un cristal

Le plan des axes optiques a toujours dans un cristal une
position répondant à la symétrie optique du système auquel
il appartient.

*Système rhombique.* — 3 plans de symétrie perpendiculaires les uns aux autres, qui sont les 3 pinacoïdes ($p$, $h'$, $g'$),

Le plan des axes optiques est toujours situé dans un pinacoïde et les 2 bissectrices coïncident avec les 2 axes géométriques contenus dans ce pinacoïde. Dans la fig. 200 par
exemple, le plan des axes optiques est la base; les bissectrices sont dirigées suivant les axes $a$ et $b$; aussi est-il indif-
férent pour la symétrie que $a$
ou $b$ soit la bissectrice aiguë.
Aucun écart entre le plan des
axes optiques et le pinacoïde,
pas plus qu'entre les bissectrices
et les axes géométriques, n'est
possible, car autrement la symétrie du système ne subsiste-
rait plus. Dans le système rhombique, les trois cas suivants sont
seuls possibles :

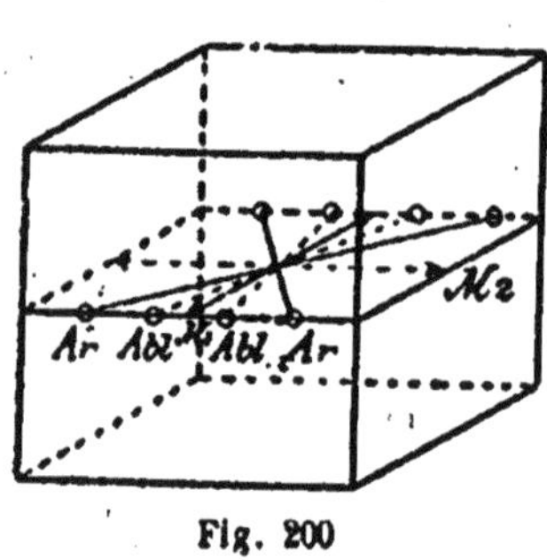

Fig. 200

$a$). Plan des axes optiques $=$ base ($p$) (fig. 200). Bissectrices suivant $a$ et $b$.

$b$). Plan des axes optiques $=$ pinacoïde antérieur (macropinacoïde $h^1$). Bissectrices suivant $b$ et $c$.

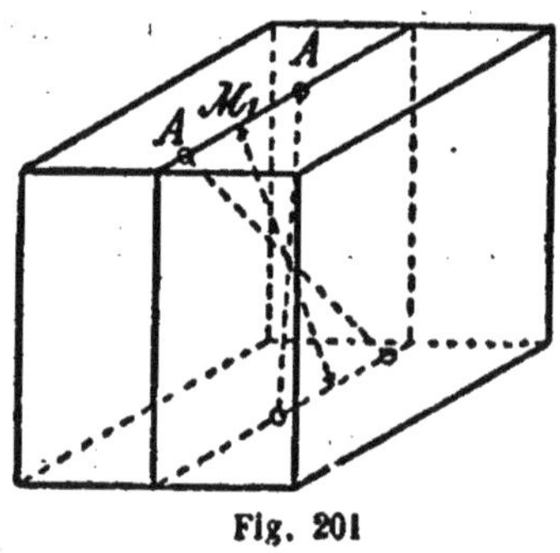

Fig. 201

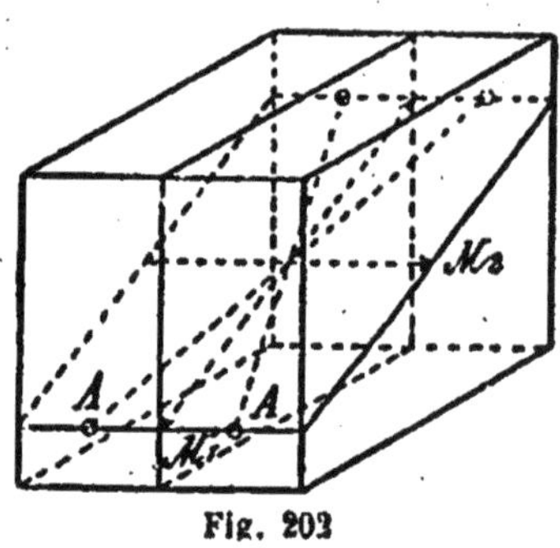

Fig. 202

$c$). Plan des axes optiques $=$ pinacoïde latéral (brachypinacoïde $g^1$). Bissectrices suivant $a$ et $c$.

*Système monoclinique.* — Un plan de symétrie répondant
au pinacoïde latéral (clinopinacoïde $g^1$).

Cette symétrie peut être satisfaite, si :

*a*). Le plan des axes optiques est dans le plan de symétrie (fig. 201).

*b*). Le plan des axes optiques est normal au plan de symétrie (fig. 202).

*Système triclinique*. — Asymétrique. La position du plan des axes optiques n'est influencée par aucune considération de symétrie.

## 34. Dispersion des bissectrices

Par suite de la symétrie du système *rhombique*, aucune sé-paration des bissectrices correspondant aux différentes couleurs n'est possible. Si, par exemple, le plan des axes optiques se trouve suivant la base, les bissectrices coïncident pour toutes les couleurs avec les axes *a* et *b* (fig. 200).

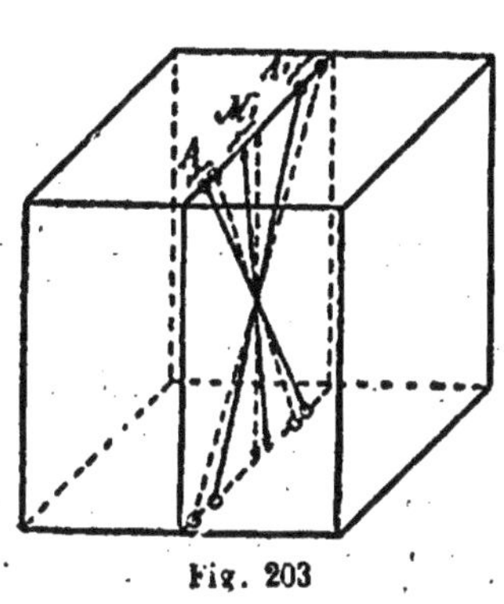

Fig. 203

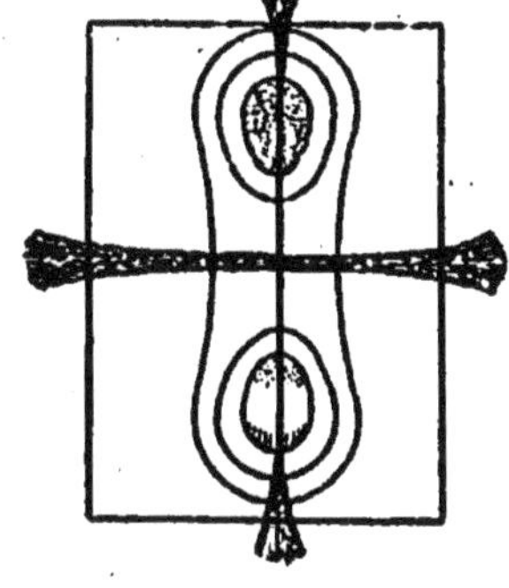

Fig. 201

- Dans le système *monoclinique* au contraire, une dispersion des bissectrices est possible. Considérons le cas où le plan des axes optiques se confond avec le plan de symétrie (fig. 203). Une dispersion des bissectrices pour les diverses couleurs peut très bien avoir lieu sans préjudice pour la symétrie. On la nomme *dispersion inclinée des bissectrices*. Dans la fig. 203 par exemple, la bissectrice de l'angle pour le rouge (en traits pleins) s'écarte de celle pour le bleu (en pointillé). Dans les figures d'interférence, cette dispersion

8.

inclinée se manifeste de la façon suivante: l'image entourant un axe paraît vivement colorée, tandis que l'autre est pâle (fig. 204 ). Comme le montre la fig. 203 , cette apparence s'explique par le fait que dans l'image entourant l'axe optique $A'$, les couleurs sont fortement écartées les unes des autres, donc chacune acquiert un vif éclat (image vivement colorée), tandis que dans l'image entourant l'axe $A$ les couleurs se recouvrent partiellement, par suite du rapprochement étroit des axes optiques pour les diverses couleurs (image pâle). On peut faire cette observation aussi bien en position normale que diagonale. Il y a dispersion inclinée autour de la bissectrice obtuse aussi bien qu'autour de la bissectrice aiguë du même cristal.

## 35. Dispersion des plans des axes optiques

Dans le système *rhombique*, les plans des axes optiques pour les différentes espèces de lumière peuvent ne pas coïncider. La symétrie n'est pas détruite, si, par exemple, le plan des axes optiques pour le rouge se trouve dans le pinacoïde basique $(p)$ et le plan pour le vert dans le pinacoïde latéral $(g')$ (fig. 205). En outre, pour certaines couleurs, l'angle des axes optiques peut être égal à 0. On a ainsi le passage d'une position à l'autre: $R \perp Bl.$

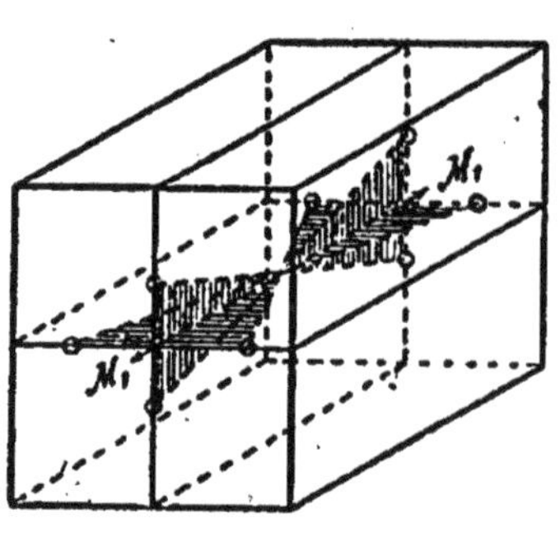

Fig. 205

Dans le système *monoclinique*, on observe aussi la dispersion des plans des axes optiques. Dans le cas de la dispersion inclinée (cf. plus haut), il s'agit seulement d'une dispersion des bissectrices. Le plan des axes optiques est le même pour toutes les couleurs et est situé dans le pinacoïde latéral $(g')$ (fig. 203). Si les plans des axes optiques sont perpendiculaires au plan de symétrie, ils peuvent se séparer sans préjudice pour la symétrie (fig. 206). Vus par devant, les plans des axes optiques pour les différentes couleurs paraissent alors l'un au-dessus de l'autre. Naturellement les bissectrices contenues dans le plan de symétrie sont aussi séparées (ce peuvent être les bissectrices aigües ou obtuses). On nomme *dispersion horizontale des plans des axes* cette disposition des axes optiques et des bissectrices. Sur les figures d'interférence, elle se traduit par la répartition des couleurs au voisinage des axes optiques. Si, par exemple, le plan des axes

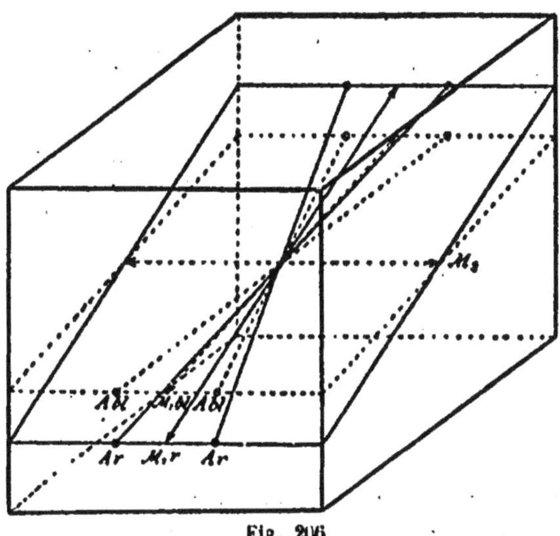

Fig. 206

optiques pour le rouge est situé au-dessous de celui pour le bleu, comme dans la fig. 206, on constate que dans la position normale de la figure d'axes (fig. 207), le rouge (barré) du premier anneau est au-dessous, le bleu (ponctué) au-dessus de la barre traversant les anneaux intérieurs. Il y a identité de couleurs sur des lignes horizontales, parallèles à la barre sombre. Dans le cas inverse, la répartition des couleurs est également inversée. On peut reconnaître la dispersion horizontale d'une manière analogue en position diagonale.

Quand, placé en avant du dessin, on regarde la disposition des plans des axes optiques, ceux-ci apparaissent placés l'un au-dessus de l'autre (fig. 206) dans le cas de dispersion horizontale. Un coup d'œil sur le pinacoïde latéral ($g'$) du même cristal permet de reconnaître que ces plans s'y croisent. Tandis que celles des bissectrices comprises dans le plan de symétrie sont séparées, toutes les autres bissectrices sont réunies en une même ligne, qui est la normale au pinacoïde latéral, donc l'axe $b$. A cause du croisement des plans des axes optiques, on nomme ce phénomène *dispersion croisée des plans des axes. Les dispersions horizontale et croisée sont donc toujours réunies* ; en réalité, il y a dispersion horizontale pour les bissectrices situées dans le plan de symé-

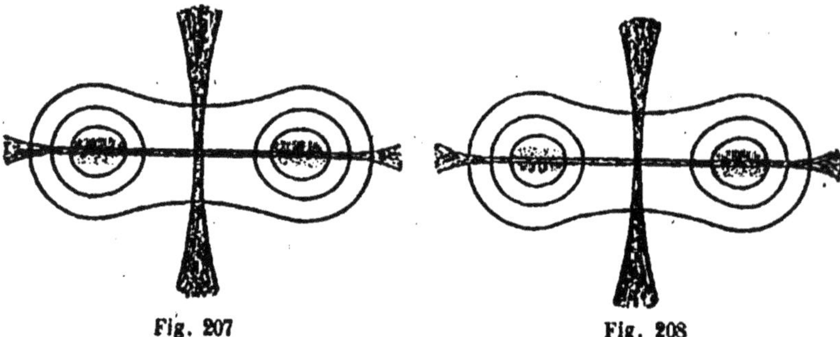

Fig. 207        Fig. 208

trie et dispersion croisée pour les bissectrices coïncidant avec l'axe $b$ pour toutes les couleurs. Il dépend enfin de la grandeur de l'angle des axes optiques que $b$ soit la bissectrice aiguë ou la bissectrice obtuse (pour toutes les couleurs). On reconnaît, comme précédemment, la dispersion croisée à la répartition des couleurs au voisinage des axes optiques. Dans la fig. 208 (position normale), à l'un des axes, le rouge est au-dessous ; à l'autre axe, au-dessus, et réciproquement pour le bleu. On peut aussi constater le croisement des plans des axes optiques en position diagonale, d'après la répartition des couleurs.

Dans le système *triclinique*, les phénomènes correspondants ne sont plus liés à aucune condition de symétrie. Les figures d'axes peuvent alors montrer en même temps les dispersions inclinée et horizontale ou croisée.


## 36. Détermination du signe de la biréfringence en lumière polarisée convergente

Comme accessoires, on emploie soit une feuille de gypse rouge de premier ordre (c'est-à-dire une lame de clivage de gypse qui montre par elle-même entre les nicols croisés le rouge de premier ordre comme teinte de polarisation), soit un mica quart d'onde (c'est-à-dire une lame de clivage de mica, dans laquelle les deux mouvements lumineux produits par la biréfringence acquièrent une différence de marche d'un quart de longueur d'onde) (¹).

L'une ou l'autre lamelle est intercalée sur le chemin des rayons entre les nicols croisés. On peut la glisser sur l'objectif par une fente ou la placer sous l'analyseur quand ce dernier est disposé au-dessus de l'oculaire. On oriente la lamelle de telle sorte que son axe de plus petite élasticité aille de gauche en arrière, à droite en avant (fig. 209 et 210-211).

Il y a lieu de considérer les sections caractéristiques suivantes, faces naturelles, ou positions correspondantes du cristal dans l'appareil à immersion (p. 61).

1). Cristaux uniaxes : { *Cristaux hexagonaux.* { *Cristaux tétragonaux.*

*Section normale à l'axe optique.* — On obtient, comme il a été dit, le système d'interférence représenté fig. 182.

**Emploi de la feuille de gypse.** — Le signe caractéristique de la biréfringence gît dans la répartition des couleurs bleu

(1) On peut aussi employer un coin biréfringent (quartz compensateur), qui montre les différentes couleurs d'interférence aux différentes parties de sa surface.

et jaune qui se manifestent dans la figure d'interférence, tout près du point d'intersection des deux bras de la croix, quand on emploie la lumière du jour ou celle d'une lampe. Appelons, comme d'habitude, les quadrants + et — (fig. 209). Il y a :

*Biréfringence positive*, quand le bleu apparaît dans les quadrants positifs ;

*Biréfringence négative*, quand le bleu se présente dans les quadrants négatifs.

Dans la fig. 209, le bleu (pointillé) se trouve dans les quadrants +, le jaune dans les quadrants —. Le cristal étudié est donc positif.

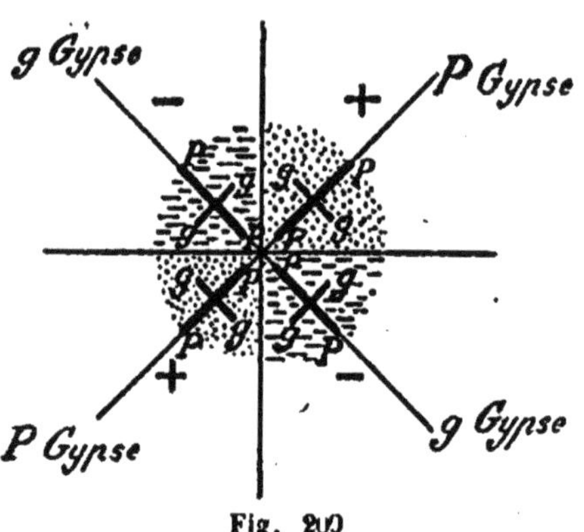


Fig. 209

L'explication de ces différences de coloration se déduit des considérations suivantes.

De chaque point des quadrants situé près du centre de la figure, sortent de la plaque, par suite de la biréfringence, deux rayons dont l'un vibre radialement, l'autre tangentiellement, comme il est représenté fig. 209.

Dans les cristaux uniaxes positifs (comme celui qui a été employé dans le cas de la fig. 209), toutes les vibrations tangentielles se font dans le cristal parallèlement à la plus grande élasticité optique (*gg*) ; les vibrations radiales parallèlement à une plus petite élasticité (*pp*) (dont la grandeur varie avec la direction). Si on glisse la feuille de gypse sur tous les quadrants, comme dans la fig. 209, *pp* de même que *gg* du cristal se trouvent parallèles à *pp* et *gg* du gypse dans les quadrants positifs ; il se produit donc par addition une teinte de polarisation plus élevée (bleu de 2ᵉ ordre). Dans les quadrants négatifs, *pp* du cristal se trouve parallèle à *gg* du gypse et *gg* du cristal à *pp* du gypse ; il se produit alors là par soustraction une teinte de polarisation plus basse (jaune de 1ᵉʳ ordre).

Dans les cristaux uniaxes négatifs, les conditions sont inverses. Toutes les vibrations tangentielles se font suivant la plus petite élasticité optique *pp* du cristal et les vibrations radiales suivant une plus grande *gg* (dont la grandeur varie avec la direction). Pour la même position de la feuille de gypse, les couleurs des différents quadrants doivent être l'opposé de ce qu'elles sont avec les cristaux positifs.

**Emploi du mica quart d'onde.**— La modification de la figure d'axes, causée par l'introduction d'une lamelle de mica, con-

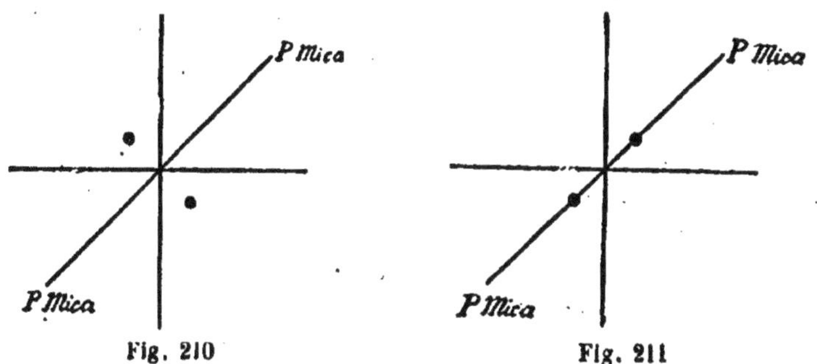



Fig. 210                    Fig. 211

siste dans la production de deux taches sombres. Si *pp* du mica se trouve comme dans la fig. 210, les deux taches sont placées, dans le cas de biréfringence positive, de telle sorte que leur ligne de jonction forme, avec la ligne *pp*, le signe +. Dans le cas de biréfringence négative, cette ligne de jonction est parallèle à *pp*, c'est-à-dire forme le signe — (fig. 211).

Si la biréfringence est faible, la feuille de mica peut facilement être insuffisante et les taches ne pas apparaître manifestement, tandis que la feuille de gypse est toujours utilisable. C'est pourquoi il ne faut accepter entièrement que les phénomènes se manifestant par l'emploi de cette dernière, dans les conditions spécifiées plus haut. La feuille de mica peut être employée avec une lumière monochromatique aussi bien qu'avec celle du jour ou celle d'une lampe.

REMARQUE. — Sur les sections (ou faces), qui diffèrent notablement de la base (normale à l'axe optique), on peut encore souvent déterminer le signe de biréfringence, à l'aide d'une feuille de gypse. Il n'est pas néccessaire, en effet, d'observer en même temps tous les quadrants ; on peut encore faire l'étude quand on en voit deux et qu'on constate les différences caractéristiques de coloration. Par rotation de la plaque dans son plan, on s'assure de la position dés quadrants.

2. CRISTAUX BIAXES:
$\begin{cases} \textit{Cristaux rhombiques.} \\ \textit{Cristaux monocliniques.} \\ \textit{Cristaux tricliniques.} \end{cases}$

On emploie des sections normales à une bissectrice. Elles donnent la figure d'interférence représentée fig. 188-189, dans lesquelles l'écart des axes optiques varie avec la substance.

**Emploi de la feuille de gypse.** — D'après la grandeur de l'angle des axes optiques, les courbes les plus intérieures, entourant les axes, sont visibles ou invisibles.

Le premier cas (émersion des axes dans le champ de vision) se rencontre le plus souvent avec les sections normales à la bissectrice aiguë ; le deuxième cas, avec des sections normales à la bissectrice obtuse.

*a*). Les axes optiques sortent dans le champ de vision.

α). Dans ce cas, on peut appliquer immédiatement la méthode employée avec les cristaux uniaxes. Dans la position normale, il se produit de nouvelles couleurs, particulièrement le bleu (ou vert) et le jaune, dans les anneaux intérieurs entourant les axes optiques, sur la barre des axes. Si le bleu se trouve dans les quadrants positifs, la biréfri·· gence est positive ; si le bleu se trouve dans les quadrants négatifs, la biréfringence est négative. Cette méthode est particulièrement recommandable pour les très faibles biréfringences ou pour les plaques minces.

β). On emploie également la méthode décrite en *b*, qui est aussi satisfaisante dans le cas présent.

*b*). Les axes optiques ne sortent pas dans le champ de vision.

On peut facilement établir avec une feuille de gypse, si la ligne de jonction des axes optiques (dont la position est toujours reconnaissable, même quand ceux-ci n'émergent pas dans le champ) est l'axe de plus grande ou de plus petite élasticité optique. On observe pour cela le champ à l'intérieur des courbes d'interférence et on procède exactement de la même façon que dans le cas de la lumière polarisée parallèle (p. 106). Naturellement, il faut amener le champ dans les positions de polarisation, c'est-à-dire dans les deux positions diagonales. Il peut être utile ici d'observer aussi les couleurs des courbes d'interférence.

Pour préciser le signe de la biréfringence, il faut se rappeler qu'une bissectrice est perpendiculaire à la plaque et que l'autre, située dans le plan de la plaque, est dirigée suivant la ligne joignant la trace des axes optiques. D'après le caractère de cette dernière bissectrice, on établit de suite si l'axe est de plus grande (*gg*) ou de plus petite (*pp*) élasticité optique. Si cette bissectrice est *gg* par exemple, la bissectrice normale à la plaque est *pp* ; si c'est *pp*, la normale est *gg*.

Comme il a été indiqué précédemment (p. 112), la biréfringence d'un cristal est dite positive (cristal positif), quand la première bissectrice (c'est-à-dire la bissectrice de l'angle aigu des axes optiques) est l'axe de plus petite élasticité optique *pp* (de plus grand indice $n_g$); la deuxième bissectrice est donc l'axe de plus grande élasticité optique *gg* (de plus petit indice $n_p$). On parle d'une bissectrice positive ou négative, suivant que l'on a affaire à la bissectrice qui coïncide avec *pp* ou *gg*. Il est à remarquer que l'une des bissectrices est toujours *pp*, l'autre *gg*. Quelle est la première bissectrice? celà dépend de l'angle des axes optiques. Quand on n'est pas sûr d'avoir affaire à la première (aiguë) plutôt qu'à la deuxième bissectrice (obtuse), on ne peut naturellement pas déterminer la biréfringence du cristal, mais on sait du moins si la bissectrice considérée, qui est normale à la plaque, est l'axe de plus grande ou de plus petite élasticité optique.

**Emploi du mica quart d'onde.** — La feuille de mica peut aussi être employée pour la détermination de la biréfringence avec les sections normales à la bissectrice aiguë. Il se produit sur les axes optiques deux points dans les quadrants alternants, comme pour les cristaux uniaxes ; la position de ces points permet de tirer une conclusion, comme il a été indiqué pour les cristaux uniaxes (p. 143).

### 37. Polarisation rotatoire en lumière polarisée convergente

Pour l'étude en lumière polarisée convergente des cristaux possédant le pouvoir rotatoire, il n'y a lieu de considérer que les plaques normales à l'axe *c* des cristaux hexagonaux et tétragonaux.

Avec les nicols croisés, on a alors, non une croix noire complète (fig. 182), mais celle qui est représentée fig. 212. Les bras de la croix partent de l'anneau le plus intérieur et laissent un champ central clair, analogue à celui que montrent ces plaques en lumière polarisée parallèle. C'était du reste à prévoir, puisque le centre de la figure d'interférence en lumière polarisée convergente est dû aux rayons qui sont normaux à la plaque, comme dans la lumière parallèle, ou qui s'écartent peu de la verticale. Par l'emploi de la lumière du jour, on a, par conséquent, dans ce champ intérieur les mêmes phénomènes de coloration qu'en lumière parallèle et

on peut les utiliser de la même manière pour distinguer s'il y
a rotation à droite ou à gauche,

Naturellement, pour les plaques très minces (comme celles
utilisées pour l'étude des roches), examinées en lumière polarisée convergente, la polarisation circulaire (rotation du plan
de vibration de la lumière polarisée) n'a pas une bien grande

Fig. 212

intensité ; le degré de rotation est très faible. De telles plaques donnent par conséquent une croix noire complète.

Remarque. — Si une lame d'un cristal hexagonal ou tétragonal
dextrogyre est placée sur une autre lévogyre, ou réciproquement, il y a, en lumière polarisée convergente, production
sur la base du phénomène appelé *spirales d'Airy*. De telles su-
perpositions se rencontrent par suite de mâcles. La grandeur
de l'angle de rotation résultant est très faible, car l'action de
ces lames s'annule naturellement d'une façon plus ou moins
complète.

## 38. Anomalies optiques

Il arrive parfois que des cristaux se comportent autrement qu'on ne s'y attendrait d'après la forme cristalline; par exemple des cristaux du système régulier au point de vue géométrique sont biréfringents et des cristaux hexagonaux ou tétragonaux paraissent biaxes. La raison de ces phénomènes se déduit des considérations suivantes.

*a). Phénomènes de tension.* — Les particules cristallines sont sous l'influence d'une tension secondaire. Même dans les corps amorphes, comme le verre, de telles tensions peuvent naître facilement par pression, échauffement et refroidissement brusque. Des lamelles porte-objets chauffées et brusquement refroidies deviennent nettement biréfringentes. Dans les cristaux, des tensions se font fréquemment sentir dans le cas où il y a des mélanges. Des corps isomorphes, c'est à dire parents au point de vue chimique et constitués d'une manière analogue, comme par exemple les différents aluns, cristallisent ensemble, de telle sorte que le même cristal renferme alors des substances chimiquement différentes. Dans de tels cas, il se produit fréquemment des anomalies optiques. Celles-ci se traduisent au point de vue optique par un partage du cristal en secteurs qui partent des faces et se divisent dans le cristal. Ainsi les aluns cités sont biréfringents et leur octaèdre se partage en 8 parties, dont chacune s'étend de l'une des faces de l'octaèdre vers l'intérieur du cristal. Sur des sections menées dans l'octaèdre suivant les faces du cube, le partage se manifeste par une division en champs. Les cristaux hexagonaux et tétragonaux montrent parfois cette division en secteurs sur les faces parallèles à la base.

Les mélanges non isomorphes peuvent aussi offrir des anomalies optiques. Ainsi on peut obtenir des cristaux de sel ammoniac biréfringents (et paraissant en même temps pléochroïques) en mêlant une goutte de solution concentrée de sel ammoniac avec un peu de chlorure de fer et en laissant cristalliser.

b). *Changement de forme (Allotropie)*. — Beaucoup de substances sont susceptibles de cristalliser sous diverses formes, par exemple le soufre en cristaux rhombiques et monocliniques.

Une forme peut en outre passer à une autre, sans qu'il y ait division du cristal en poussière, de sorte que fréquemment l'enveloppe extérieure primitive sera conservée et sera alors remplie par des particules modifiées physiquement, qui ne répondent pas à la forme extérieure. Il en résulte un contraste entre la forme cristalline apparente et les propriétés physiques. Dans le monde minéral, ce cas est réalisé par la leucite. Celle-ci prend naissance dans des masses de laves à haute température en icositétraèdres, cristaux du système cubique ; par refroidissement, le noyau se recouvre de particules rhombiques sans que la forme extérieure cubique soit changée pour cela. En chauffant le cristal, on peut ramener les particules rhombiques à une forme cubique, de sorte que la forme extérieure et les propriétés physiques concordent tant que règne cette température élevée.

## 39. Exercices pratiques

Quelques exercices pratiques sont nécessaires pour apprendre les méthodes de recherche énumérées ci-dessus, particulièrement celles qui se rapportent aux propriétés optiques.

Par évaporation d'une goutte de solution sur un porte-objet ou par précipitation, se forment souvent de très petits cristaux, propres à l'examen microscopique. On obtient de plus gros cristaux en évaporant lentement la solution et en laissant la cristallisation se faire sur un fil ou dans de la laine de verre ou encore au fond d'un vase.

Les minéraux cristallisés peuvent aussi se prêter à de

bons exercices pratiques, surtout quand ils sont taillés en plaques minces convenablement orientées.

Voici quelques exemples de corps appartenant aux diverses catégories:

### Corps isotropes

#### 1). CORPS AMORPHES

Verre. Anomalies optiques par courbure (baguette de verre) ou par chauffage inégal. (Examen avec une feuille de gypse donnant le rouge de premier ordre).

#### 2). CRISTAUX CUBIQUES

Chlorure de sodium, chlorure de platine et de potassium, alun de potasse pur, nitrate de baryum, nitrate de plomb, fluorine, pyrope.

Anomalies optiques : mélange de nitrate de baryum et de nitrate de plomb, mélange d'aluns. Divers grenats.

Squelettes : sel ammoniac, cristallisation rapide par chauffage d'une goutte de solution.

Polarisation rotatoire : chlorate de sodium (cristaux épais, sans quoi la rotation est faible), quartz (sections épaisses parallèles à la base).

### Cristaux anisotropes

#### 1). CRISTAUX UNIAXES

*a.) Cristaux hexagonaux :*
Fluosilicate de sodium, nitrate de sodium, calcite, apatite, quartz, béryl, néphéline.
*b.) Cristaux tétragonaux :*
Chlorure de mercure, zircon.

#### 2). CRISTAUX BIAXES

*a.) Cristaux rhombiques :*
Chromate de potassium, sulfate de magnésium, dithionate

de sodium (figures de corrosion), aragonite, anhydrite, staurotide, olivine.

*b.) Cristaux monocliniques :*

Sulfate de calcium $+$ 2 molécules d'eau de cristallisation (gypse), borax, acétate de cuivre, sucre de canne, acide tartrique (pyroélectricité), sanidine, épidote, actinolite, augite.

*c.) Cristaux tricliniques :*

Sulfate de cuivre, bichromate de potassium, plagioclases, (macles polysynthétiques), disthène.

Pour pouvoir démontrer les principales propriétés optiques avec le plus petit nombre possible de préparations, l'auteur a constitué une collection de 15 coupes minces de minéraux, d'après laquelle la maison Voigt et Hochgesang de Göttingen a établi pour les intéressés des collections semblables.

Cette collection sert pour l'étude des propriétés suivantes :

## I. — Réfraction

(Les plaques sont montées avec du baume du Canada : $n = 1,549$).

### 1). FORTE RÉFRINGENCE

Plaque 1 : Olivine (rhombique), section parallèle au pinacoïde antérieur ($n_m = 1,678$ pour le jaune). Cf. aussi plaques 3, 7, 9.

### 2). FAIBLE RÉFRINGENCE

Plaque 2 : Quartz (hexagonal), section normale à l'axe $c$. $n_t = 1,54$ pour jaune, donc sensiblement l'indice du baume). Cf. aussi plaques 4, 5, 10, 11.

## II. — Réfraction simple et double

### 1). MONORÉFRINGENCE

Plaque 3 : Pyrope (cubique), section quelconque. Cf. aussi plaques 2, 13.

### 2). BIRÉFRINGENCE.

*a.) Forte biréfringence*: Olivine (rhombique), plaque 1. Cf. aussi plaques 6, 9.

*b.) Faible biréfringence :*

Plaque 4 : Sanidine (monoclinique), section parallèle au pinacoïde latéral. Cf. aussi plaques 10, 11, 12.

### III. — Position des directions d'extinction

1). CRISTAUX UNIAXES : { *Cristaux hexagonaux.* / *Cristaux tétragonaux.* }

*a). Section parallèle à l'axe optique :*

Plaque 5 : Quartz (hexagonal), section parallèle à l'axe c.

*b). Section de la zone comprenant le prisme et la base (de la zone ph¹) :*

Plaque 6 : Calcite (hexagonale-rhomboédrique), section parallèle à une face du rhomboèdre.

### 2). CRISTAUX BIAXES

*a). Cristaux rhombiques :*

*α). Section pinacoïdale :*

Olivine, section parallèle au pinacoïde antérieur, plaque 1.

*β). Section suivant un dôme (section prismatique) :*

Plaque 7 : Staurotide, section parallèle à une face du prisme.

*b). Cristaux monocliniques :*

*α). Section parallèle à l'axe b :*

Plaque 8 : Hornblende, section parallèle au pinacoïde antérieur.

*β). Section normale à l'axe b :*

*a). Faible obliquité de l'extinction :*

Sanidine, plaque 4.

*b). Grande obliquité de l'extinction :*

Plaque 9 : Augite basaltique.

*c). Cristaux tricliniques :*

Plaque 10 : labrador, section parallèle au pinacoïde latéral.

## IV. — Détermination de la direction de plus grande et de plus petite élasticité optique dans une plaque biréfringente.

(En même temps détermination au signe de la biréfringence).

Quartz, section parallèle à l'axe $c$ ($c$ direction de plus petite élasticité optique, donc biréfringence positive), plaque 5.

Sanidine, section parallèle au pinacoïde latéral. (Direction d'extinction coïncidant presque avec les craquelures $=$ direction de la 1re bissectrice (aiguë) $=$ direction de plus grande élasticité optique, donc biréfringence négative), plaque 4. Cf. aussi plaques 1, 7, 8, 9, 10, 11, 12, 14.

## V. — Pléochroïsme

Hornblende (monoclinique), section parallèle au pinacoïde antérieur, plaque 8. Cf. aussi plaque 7.

## VI. — Mâcles dans les cristaux biréfrigents

1). SECTION NORMALE AU PLAN DE MACLE (ou d'accolement):

Plaque 11 : labrador (triclinique), section normale au pinacoïde latéral et au pinacoïde antérieur.

2). SECTION OBLIQUE AU PLAN DE MACLE (ou d'accolement):

Plaque 12: labrador, section oblique par rapport au pinacoïde latéral.

## VII. — Lumière polarisée convergente

1). CRISTAUX UNIAXES : { *Cristaux hexagonaux.* / *Cristaux tétragonaux.* }

a). *Section normale à l'axe optique:*
α). *Faible biréfringence:*
Quartz (hexagonal), plaque 2.
β). *Forte biréfringence:*
Plaque 13 : Calcite (hexagonale-rhomboédrique).

*b). Section de la zone comprenant le prisme et la base* (ph').
Calcite, section parallèle à une face du rhomboèdre, plaque 6.

*c). Section parallèle à l'axe c :*
Quartz (hexagonal), plaque 5.

### 2.) CRISTAUX BIAXES

*a.) Section normale à la 1ʳᵉ bissectrice (aiguë) :*
*α.) Axes optiques dans le champ de vision :*
Plaque 14 : Muscovite (monoclinique, pseudo-rhomboédrique), lamelle de clivage suivant la base.

*β.) Axes optiques hors du champ de vision :*
Olivine (rhombique), parallèle au pinacoïde antérieur, plaque 1.

*b). Section normale à la 2ᵉ bissectrice (obtuse) :*
Sanidine (monoclinique), plaque 4.

*c). Section parallèle au plan des axes optiques :*
Augite (monoclinique), section parallèle au pinacoïde latéral, plaque 9.

*d). Section un peu oblique par rapport à l'un des axes :*
Plaque 15 : Epidote (monoclinique), section parallèle à la base.

### 3). DÉTERMINATION DU SIGNE DE LA BIRÉFRINGENCE.

*a).* CRISTAUX UNIAXES : { *Cristaux hexagonaux.*
                             { *Cristaux tétragonaux.*

*α). Biréfringence positive :*
Quartz (hexagonal), section normale à l'axe optique (faible biréfringence), plaque 2.

*β). Biréfringence négative :*
Calcite (hexagonale-rhomboédrique), section normale à l'axe optique (forte biréfringence), plaque 13.

*b).* CRISTAUX BIAXES : { *Cristaux rhombiques,*
                        { *Cristaux monocliniques.*
                        { *Cristaux tricliniques.*

α). *Biréfringence positive :*
Olivine (rhombique), section normale à la 1re bissectrice
(aiguë) (section parallèle au pinacoïde antérieur), plaque 1.

β). *Biréfringence négative :*
Muscovite (monoclinique), presque exactement normale à
la 1re bissectrice (aiguë) (lamelles de clivage suivant la base),
plaque 14.

----

Une autre collection de 9 plaques sert à démontrer la polarisation rotatoire, la dispersion des axes optiques, des bissectrices et des plans des axes.

## I. — Polarisation rotatoire

1). CRISTAUX CUBIQUES (observation en lumière polarisée
parallèle) :
Plaque 1 : chlorate de sodium (plaque épaisse).

2). CRISTAUX HEXAGONAUX ET TÉTRAGONAUX (observation en
lumière polarisée parallèle ou convergente) :
Plaque 2 : Quartz dextrogyre, section parallèle à la base
(plaque épaisse).

Plaque 3 : Quartz lévogyre, section parallèle à la base
(plaque épaisse).

Par superposition de 2 et de 3, spirales d'Airy.

## II. — Dispersion des axes optiques, des bissectrices
## et des plans des axes optiques

### 1). CRISTAUX RHOMBIQUES

Dispersion des axes optiques, sans dispersion des bissectrices ni des plans des axes optiques.

a). *Angle des axes optiques pour les rayons rouges plus
grand que pour les rayons verts ou bleus, R > Bl.*

Plaque 4 : Cérusite, normale à la 1re bissectrice (aiguë).

b). *Angle des axes optiques pour les rayons rouges plus petit
que pour les rayons verts ou bleus, R < Bl.*

Plaque 5: Sulfate de baryte, section normale à la 1<sup>re</sup> bissectrice (aiguë).

### 2). Cristaux monocliniques.

*a). Dispersion des bissectrices. Dispersion inclinée.* (Plans des axes optiques dans le plan de symétrie):

Plaque 6 : Gypse, section normale à la 1<sup>re</sup> bissectrice (aiguë) (pour les couleurs moyennes).

*b). Dispersion des bissectrices et des plans des axes optiques. Dispersion horizontale.* Plan des axes optiques normal au plan de symétrie. Figures entourant les bissectrices qui se trouvent dans le plan de symétrie.

Plaque 7: Adulaire, section normale à la 1<sup>re</sup> bissectrice (aiguë) (pour les couleurs moyennes).

*c). Dispersion du plan des axes. Dispersion croisée.* Plan des axes optiques normal au plan de symétrie. Figures entourant les bissectrices qui coïncident avec l'axe *b*.

Plaque 8: Borax, section normale à la 1<sup>re</sup> bissectrice (aiguë).

### 3). Cristaux tricliniques.

Dispersion asymétrique :

Plaque 9: bichromate de potassium, section normale à la 1<sup>re</sup> bissectrice (aiguë) (pour les couleurs moyennes).

## 40. Achat d'un microscope pour les études cristallographiques.

Un microscope destiné aux études cristallographiques doit avoir les appareils suivants :

1° Polariseur.

2° Platine tournante, munie d'une graduation (¹).

3° *a*). Objectif de faible grossissement, répondant à l'objectif n° 2 de Hartnack ou de Nachet.

_______________

(1) Ou nicols tournant simultanément avec graduation pour cette rotation.

*b*). Objectif de grossissement moyen, répondant à l'objectif n° 4.

*c*). Objectif pour observation en lumière polarisée convergente, répondant à l'objectif 7, et servant aussi pour les forts grossissements. En plus, une lentille condensatrice.

4° Analyseur. Il est préférable qu'il s'intercale dans le tube. Pour les études de polarisation rotatoire, il faut un analyseur pouvant se placer sur l'oculaire.

5° Oculaire avec réticule.

6° Accessoires : feuille de gypse donnant le rouge de 1er ordre, quartz teinte sensible, quartz compensateur ou mica quart d'onde. On peut encore recommander pour certaines recherches plus approfondies : appareil à rotation, oculaire micrométrique et enfin appareil pour la mesure des angles.

Principales maisons : Voigt et Hochgesang à Göttingen ; Fuess à Steglitz, près Berlin ; Nachet à Paris.

# TABLE DES MATIÈRES

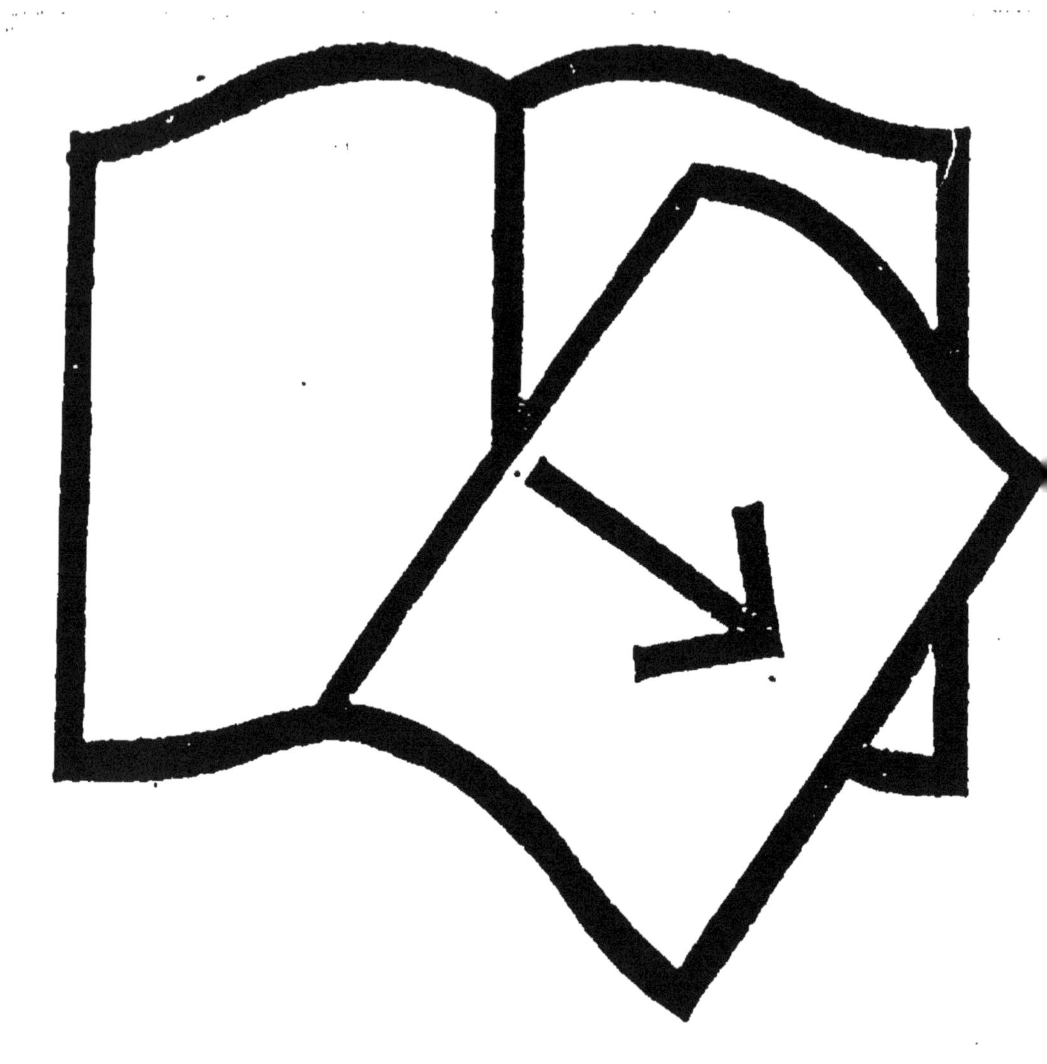

Documents manquants (pages, cahiers...)
NF Z 43-120-13

9 782016 161678